Qvesta opra da ogni parte e un libro doto.
Non fu piu preciofa gemma mai
Dil kalendario : che tratta cofe afai
Con gran facilita : ma gran lauoro
Qui numero aureo : e tutti i fegni fuoto
Defcripti dil gran polo da ogni lai :
Quando ti fole : e luna eclipfi fai :
Quante terre fe reçe a fto thexoro.
In un inftanti tu fai qual hora fia :
Qual fara lanno : giorno : tempo : e mexe :
Che tutti ponti fon daftrologia .
Ioanne de monte regio quefto fexe :
Coglier tal frutto acio non graue fia
In breue tempo : e con pochi penexe .
Chi teme cotal fpexe
Scampa uittu. I nomi di impreffori
Son qui da baffo di roffi colori .

Venetijs. 1476 .

Bernardus pictor de Augusta
Petrus loflein de Langencen
Erhardus ratdolt de Augusta

	·1475· CON.			OPPO.			·1494· CON.			OPPO.			·1513· CON.			OPPO.		
1	8	12	13							4	11	48				4	12	11
2				12	8	29	8	4	30	12	22	5	8	3	38	12	19	19
3	16	21	52				16	5	28				16	16	32			
4				1	18	41				1	2	51				1	11	59
5	5	14	46				5	0	23	9	21	42	5	8	17			
6				9	9	56							13	18	27	9	5	18
7	13	6	17	17	21	53	13	4	2	17	21	26				17	14	31
8	2	13	19				2	13	58				2	9	39			
9	10	20	52	6	4	55	10	21	25	6	5	53	10	21	3	6	3	58
10				14	20	41				14	13	27				14	12	51
11	18	16	48				13	6	51				18	4	37	3	20	28
12				3	13	40	7	20	27	3	1	10	7	13	6			
13	7	11	1							11	16	36				11	6	32
14	15	18	34	11	8	32							15	13	29			
15				19	12	56	15	5	55							19	10	50
16	4	6	18	8	23	2	4	23	0	19	2	58	4	8	23			
17	12	15	2							8	18	17				8	5	43
18	1	22	25	16	5	58	12	12	37	16	6	38	12	2	36			
19				5	15	35	1	22	3	5	13	37	1	22	38	16	6	0
20	9	9	47				9	5	32							5	14	35
21				13	19	7				13	4	53	9	6	12	13	22	1
22	17	16	35				17	0	54	2	21	39	17	15	18	2	9	29
23				2	14	3	6	18	56				6	4	34			
24	6	11	3							10	16	26				10	0	40
25				10	7	21							14	13	50			
26	14	8	1				14	2	48	18	20	18				18	10	49
27	3	15	47	18	0	8	3	14	52				3	7	6			
28	11	22	44	7	7	7	11	23	41	7	7	36	11	20	57	7	2	30
29	19	13	17	15	18	22				15	14	34				15	15	20
30				4	9	8	19	6	56				19	6	49	4	22	16
31	8	5	46				8	18	2	4	0	3	8	14	7			

.IANVARIVS.

				SOLIS CAPRI.		LVNAE S.G.		S.G.	
1	A	KL	Circücifio domini	20	3	0	13	0	13
2	b	4 noñ	Octaua.s.Stephani	21	4	0	26	0	26
3	c	3 noñ	Octaua.s.Ioannis	22	6	1	10	1	9
4	d	2 noñ	Octaua.s.Innocentum	23	7	1	23	1	22
5	e	Noñ	Vigilia	24	8	2	6	2	5
6	f	8 id⁹	Epiphanię domini	25	9	2	19	2	18
7	g	7 id⁹	Clauis.lxx.	26	11	3	2	3	1
8	A	6 id⁹	Erhardi epifcopi	27	12	3	15	3	15
9	b	5 id⁹	Iuliani & fociorum eius	28	13	3	29	3	28
10	c	4 id⁹	Pauli primi eremitę	29	14	4	12	4	11
11	d	3 id⁹	AQVARIVS	0	16	4	25	4	24
12	e	2 id⁹		1	17	5	8	5	7
13	f	Idus	Octaua epiphanię	2	18	5	21	5	20
14	g	19 kal	Febru. Foelicis in pincis	3	19	6	4	6	3
15	A	18 kal		4	20	6	18	6	16
16	b	17 kal	Marcelli papę	5	21	7	1	6	29
17	c	16 kal	Antonij monachi	6	22	7	14	7	12
18	d	15 kal	Prifcę uirginis	7	23	7	27	7	25
19	e	14 kal		8	24	8	10	8	8
20	f	13 kal	Fabiani & Sebaftiani mattyrum	9	25	8	24	8	21
21	g	12 kal	Agnetis uirginis	10	26	9	7	9	4
22	A	11 kal	Vincentij martyris	11	27	9	20	9	17
23	b	10 kal		12	28	10	3	10	0
24	c	9 kal	Timothei apoftoli	13	29	10	16	10	14
25	d	8 kal	Pauli couerfio	14	30	10	29	10	27
26	e	7 kal		15	31	11	13	11	10
27	f	6 kal		16	31	11	26	11	23
28	g	5 kal	Clauis.xl.	17	32	0	9	0	6
29	A	4 kal		18	33	0	22	0	19
30	b	3 kal		19	33	1	5	1	2
31	c	2 kal		20	34	1	18	1	15

#	1475 CON			1475 OPPO			1494 CON			1494 OPPO			1513 CON			1513 OPPO		
1				12	2	59				12	13	0				12	6	32
2	16	15	39				16	0	28	1	21	55	16	8	52			
3				1	11	16	5	18	58							1	5	27
4	8	5	56	9	23	40				9	15	24	5	2	46			
5	13	16	20				13	16	31				13	10	47	9	0	17
6	2	23	34	17	7	50				17	8	44	2	23	16	17	5	35
7				6	15	49	2	0	25	6	15	52				6	16	6
8	10	8	46				10	7	20				10	8	15	14	23	7
9				14	13	52	18	21	23	14	2	35	18	15	24			
10	18	10	58							3	17	5				3	8	23
11				3	8	25	7	13	37				7	2	15	11	21	3
12	7	5	54							11	10	44						
13	15	8	23	11	3	3	15	23	36				15	7	56			
14	4	17	45	19	1	23				19	19	18				19	5	39
15				8	9	26	4	14	6	8	7	58	4	2	47	8	23	17
16	12	0	55	16	17	28	12	0	54	16	16	22	12	19	0			
17	1	11	7				1	8	2							16	17	12
18				5	5	41	9	17	2	5	0	11	1	9	0	5	0	27
19	9	1	13							13	21	35	9	15	52	13	10	42
20				13	13	45	17	18	37				17	5	20			
21	17	10	58							2	16	2	6	21	19	2	0	53
22				2	7	41	6	13	31							10	18	21
23	6	3	33	10	22	33				10	10	43						
24	14	18	22				14	16	33				14	7	22			
25				18	9	53	18	9	40				3	22	9	18	3	13
26	3	1	19	7	16	56	3	2	3	7	17	53				7	16	8
27	11	8	59	15	9	18	11	9	21				11	9	14			
28	19	5	30				19	19	10	15	1	39	19	16	25	15	0	48
							4	13	36									

					SOLIS AQVAR.		LVNAE S. G.		S. G.	
1	d		Brigidę uirginis		21	34	2	2	1	28
2	e	4 noñ	Purificatio Marię		22	35	2	15	2	11
3	f	3 noñ	Blaſij epiſcopi		23	36	2	28	2	24
4	g	2 noñ			24	36	3	11	3	7
5	A	Noñ	Agathę uirginis		25	37	3	24	3	20
6	b	8 id⁹	Dorotheę uirginis		26	37	4	8	4	3
7	c	7 id⁹			27	38	4	21	4	16
8	d	6 id⁹			28	38	5	4	5	0
9	e	5 id⁹	Apollonię uirginis		29	38	5	17	5	13
10	f	4 id⁹	Scholaſticę uirginis	PISCES	0	39	6	0	5	26
11	g	3 id⁹			1	39	6	13	6	9
12	A	2 id⁹			2	39	6	27	6	22
13	b	Idus			3	39	7	10	7	5
14	c	16 kał	Mar. Valentini martyris		4	39	7	23	7	18
15	d	15 kał			5	40	8	6	8	1
16	e	14 kał	Iulianę uirginis		6	40	8	19	8	14
17	f	13 kał			7	40	9	2	8	27
18	g	12 kał			8	40	9	16	9	10
19	A	11 kał			9	40	9	29	9	23
20	b	10 kał			10	40	10	12	10	6
21	c	9 kał			11	40	10	25	10	19
22	d	8 kał	Cathedra ſancti Petri		12	40	11	8	11	2
23	e	7 kał		Vigilia	13	40	11	22	11	16
24	f	6 kał	Matthię apoſtoli		14	39	0	5	11	29
25	g	5 kał			15	39	0	18	0	12
26	A	4 kał			16	39	1	1	0	25
27	b	3 kał			17	38	1	14	1	8
28	c	2 kał			18	38	1	27	1	21
					19	37				

	·1475·						·1494·						·1513·					
	CON.			OPPO.			CON.			OPPO.			CON.			OPPO.		
1	8	23	46	4	2	25	8	8	58							4	8	30
2				12	21	15				12	5	12	8	1	11	12	18	44
3							16	18	31				16	2	7	1	23	9
4	16	6	48							1	15	19	5	20	58			
5	5	18	17	1	1	1	5	11	18							9	18	14
6				9	10	48				9	6	25						
7	13	1	45	17	17	41	13	2	41	17	18	15	13	0	33	17	17	50
8	2	10	13				2	9	40				2	10	17			
9	10	21	46	6	3	31	10	17	9	6	1	13	10	17	41	6	2	10
10				14	7	24				14	16	58				14	9	42
11	18	4	54				18	13	2				18	3	7	3	21	21
12	7	23	7	3	2	12				3	9	39	7	17	22			
13				11	19	16	7	7	7							11	12	40
14	15	19	27				15	14	33	11	4	36						
15				19	11	26				19	8	53	15	1	55	19	22	46
16	4	3	2	8	18	26	4	2	18	8	18	55	4	18	54			
17	12	9	56				12	10	54				12	8	26	8	14	9
18				16	5	54	1	18	13	16	1	47	1	17	51	16	2	27
19	1	0	53	5	20	45				5	11	25				5	9	22
20	9	17	27				9	5	28				9	1	15			
21										13	14	38	17	20	25	13	0	29
22				13	6	42	17	12	6							2	17	5
23	17	3	6	2	22	35				2	9	26	6	14	18			
24	6	17	5	10	10	41	6	6	25							10	11	46
25	14	3	8	18	18	37				10	2	42	14	22	8			
26	3	10	22				14	3	27	18	19	33				18	16	37
27	11	19	37	7	2	38	3	11	9	7	19	25	3	10	10			
28							11	18	2	15	13	32	11	18	57	7	2	54
29	19	22	6	15	1	0	19	8	20							15	9	49
30				4	19	29				4	4	5	19	2	6	4	19	7
31	8	16	54				8	0	36	12	21	45	8	13	1			

KL .MARTIVS.

				SOLIS PISCES.		LVNAE S. G.		S. G.	
1	d	KL		20	37	2	11	2	4
2	e	6 noñ	Simplicis papę	21	36	2	24	2	17
3	f	5 noñ		22	36	3	7	3	0
4	g	4 noñ	Adriani martyris	23	35	3	20	3	13
5	A	3 noñ		24	35	4	3	3	26
6	b	2 noñ	Victoris martyris	25	34	4	16	4	9
7	c	Noñ	Perpetuę & Foelicitatis	26	33	5	0	4	22
8	d	8 id⁹		27	32	5	13	5	5
9	e	7 id⁹		28	31	5	26	5	18
10	f	6 id⁹		29	30	6	9	6	1
11	g	5 id⁹	Clauis paſcę ARIES	0	29	6	22	6	15
12	A	4 id⁹	Gregorij papę	1	28	7	6	6	28
13	b	3 id⁹		2	27	7	19	7	11
14	c	2 id⁹		3	26	8	2	7	24
15	d	Idus		4	25	8	15	8	7
16	e	17 kaľ	APRILIS	5	24	8	28	8	20
17	f	16 kaľ	Gerdrudis uirginis	6	23	9	11	9	3
18	g	15 kaľ		7	22	9	25	9	16
19	A	14 kaľ		8	21	10	8	9	29
20	b	13 kaľ		9	20	10	21	10	12
21	c	12 kaľ	Benedicti abbatis	10	18	11	4	10	25
22	d	11 kaľ		11	17	11	17	11	8
23	e	10 kaľ		12	16	0	0	11	21
24	f	9 kaľ		13	15	0	14	0	4
25	g	8 kaľ	Annuciatio Marię	14	13	0	27	0	17
26	A	7 kaľ		15	12	1	10	1	1
27	b	6 kaľ		16	10	1	23	1	14
28	c	5 kaľ		17	9	2	6	1	27
29	d	4 kaľ		18	8	2	20	2	10
30	e	3 kaľ		19	7	3	3	2	23
31	f	2 kaľ		20	6	3	16	3	6

	1475 CON.			1475 OPPO.			1494 CON.			1494 OPPO.			1513 CON.			1513 OPPO.		
1				12	13	58							16	19	8	12	7	54
2	16	18	55				16	10	23							1	16	32
3				1	11	50				1	6	0	5	13	35			
4	5	4	4	9	19	45	5	0	41	9	18	25				9	9	58
5	13	11	1				13	11	12				13	11	16			
6	2	21	33	17	3	51	2	18	19	17	2	35	2	19	10	17	3	28
7				6	16	8				6	10	28				6	10	35
8	10	11	41				10	3	20				10	2	3	14	1	1
9	18	21	24	14	0	14				14	8	2	18	15	40			
10				3	17	58	18	5	4							3	11	16
11	7	13	46				7	23	52	3	2	27	7	7	40			
12				11	8	38				11	20	59				11	4	41
13	15	4	15	19	19	43	15	2	33	19	19	34	15	17	31			
14	4	11	6				4	11	53							19	13	16
15	12	18	45	8	2	42	12	19	6	8	3	38	4	8	7	8	1	59
16				16	19	15				16	11	25	12	19	0	16	10	29
17	1	15	26				1	4	57	5	23	22	1	2	8	5	18	8
18				5	12	40	9	18	46				9	11	51			
19	9	9	37													13	14	59
20				13	21	20				13	7	3	17	11	53			
21	17	16	25				17	4	13							2	9	13
22	6	3	44	2	10	31	6	20	51	2	0	56	6	6	38			
23	14	11	5	10	20	11				10	15	53				10	3	49
24	3	19	30	18	3	0	14	12	1				14	9	57			
25				7	12	49	3	18	53	18	3	34	3	10	32	18	3	7
26	11	7	1				11	2	21	7	10	26				7	11	22
27				15	16	43	19	22	15	15	2	13	11	2	51	15	18	54
28	19	14	7							4	19	3	19	12	12			
29				4	11	24	8	16	17							4	6	32
30	8	8	2							12	13	42	8	2	43	12	21	48

KL

				SOLIS ARIES.		LVNAE S.G		S.G.	
1	g			21	4	3	29	3	19
2	A	4 noñ		22	3	4	12	4	2
3	b	3 noñ		23	1	4	25	4	15
4	c	2 noñ	Ambrosij archiepiscopi	23	59	5	9	4	28
5	d	Noñ		24	58	5	22	5	11
6	e	8 id9		25	56	6	5	5	24
7	f	7 id9		26	54	6	18	6	7
8	g	6 id9	Marię egyptiacę	27	52	7	1	6	20
9	A	5 id9		28	50	7	14	7	3
10	b	4 id9		29	48	7	28	7	16
11	c	3 id9	TAVRVS	0	47	8	11	8	0
12	d	2 id9		1	45	8	24	8	13
13	e	Idus		2	43	9	7	8	26
14	f	18 kaľ	Maij. Tyburtij & Valeriani	3	41	9	20	9	9
15	g	17 kaľ	Clauis rogationũ	4	38	10	4	9	22
16	A	16 kaľ		5	36	10	17	10	5
17	b	15 kaľ		6	34	11	0	10	18
18	c	14 kaľ		7	32	11	13	11	1
19	d	13 kaľ		8	30	11	26	11	14
20	e	12 kaľ		9	28	0	9	11	27
21	f	11 kaľ		10	25	0	23	0	10
22	g	10 kaľ		11	23	1	6	0	23
23	A	9 kaľ	Georgij martyris	12	21	1	19	1	6
24	b	8 kaľ		13	18	2	2	1	19
25	c	7 kaľ	Marci euangelistę	14	16	2	15	2	2
26	d	6 kaľ		15	14	2	28	2	16
27	e	5 kaľ		16	11	3	12	2	29
28	f	4 kaľ	Vitalis martyris	17	8	3	25	3	12
29	g	3 kaľ	Clauis pentecostes	18	6	4	8	3	25
30	A	2 kaľ		19	4	4	21	4	8

	1475 CON.			1475 OPPO.			1494 CON.			1494 OPPO.			1513 CON.			1513 OPPO.		
1				12	4	18	16	23	35				16	20	56			
2	16	4	23	1	20	20				1	17	49				1	7	44
3	5	11	53				5	10	12				5	3	48	9	23	1
4	13	20	42	9	3	14	13	18	44	9	3	45	13	19	41			
5				17	14	42				17	10	32				17	11	12
6	2	9	40				2	2	57	6	20	6	2	2	35	6	18	4
7				6	5	32	10	14	8				10	9	54			
8	10	2	9	14	15	23				14	23	18				14	9	8
9	18	11	41				18	20	42				18	5	2			
10				3	7	5	3	18	0	7	22	51				3	1	40
11	7	1	34	11	19	6	7	14	55							11	20	15
12	15	11	33				15	11	50	11	11	9						
13	4	18	42	19	2	59	4	19	29	19	3	53	15	6	33			
14				8	10	57				8	10	52	4	18	30	19	0	58
15	12	3	55				12	2	18	16	21	44	12	3	14	8	11	11
16				16	9	13	1	16	32				1	10	20	16	18	2
17	1	6	17							5	12	15	9	21	11	5	3	20
18				5	3	40	9	8	44									
19	9	0	59							13	22	0				13	5	48
20				13	9	13	17	19	23				17	3	2			
21	17	2	57	2	19	51				2	13	59	6	21	30	2	0	31
22	6	12	2	10	3	43	6	8	41							10	17	53
23	14	18	57	18	11	44	14	19	8	10	2	21	14	19	11			
24	3	5	22	7	23	55				18	10	31				18	11	22
25	11	19	24				3	2	10	7	18	16	3	3	1	7	18	27
26							11	11	5	15	15	44	11	9	49			
27				15	7	53	19	12	42				19	23	20	15	4	46
28	19	4	59							4	9	53				4	18	52
29	8	21	19	4	1	34	8	7	24				8	15	14			
30				12	16	11				12	4	30				12	12	13
31	16	11	54				16	10	6				16	1	2	1	20	45

				SOLIS TAVR.		S. G		S. G.	
1	b	KL	Philippi & Iacobi apostoloru	20	1	5	4	4	21
2	c	6 noñ		20	59	5	18	5	4
3	d	5 noñ	Inuentio sancte crucis	21	56	6	1	5	17
4	e	4 noñ		22	54	6	14	6	0
5	f	3 noñ		23	51	6	27	6	13
6	g	2 noñ	Ioannis ante portam latinam	24	48	7	10	6	26
7	A	Noñ		25	46	7	23	7	9
8	b	8 id9	Apparitio.s.Michaelis	26	43	8	7	7	22
9	c	7 id9		27	41	8	20	8	5
10	d	6 id9	Epimachi & sociorum eius	28	38	9	3	8	19
11	e	5 id9		29	35	9	16	9	2
12	f	4 id9	Pancratij martyris GEMINI	0	32	9	29	9	15
13	g	3 id9	Seruatij episcopi	1	30	10	12	9	28
14	A	2 id9		2	27	10	26	10	11
15	b	Idus	Sophie uirginis	3	24	11	9	10	24
16	c	17 kal	Iunij	4	21	11	22	11	7
17	d	16 kal		5	19	0	5	11	20
18	e	15 kal		6	16	0	18	0	3
19	f	14 kal	Potentiane uirginis	7	13	1	2	0	16
20	g	13 kal		8	10	1	15	0	29
21	A	12 kal		9	7	1	28	1	12
22	b	11 kal	Helene regine	10	4	2	11	1	25
23	c	10 kal		11	1	2	24	2	8
24	d	9 kal		11	58	3	7	2	21
25	e	8 kal	Vrbani pape	12	55	3	21	3	4
26	f	7 kal		13	53	4	4	3	17
27	g	6 kal		14	50	4	17	4	1
28	A	5 kal		15	47	5	0	4	14
29	b	4 kal		16	44	5	13	4	27
30	c	3 kal		17	41	5	26	5	10
31	d	2 kal	Petronelle uirginis	18	38	6	10	5	23

	·1475· CON.			·1475· OPPO.			·1494· CON.			·1494· OPPO.			·1513· CON.			·1513· OPPO.		
1	5	18	42	1	3	21	5	19	26	1	3	9	5	15	35			
2				9	10	6				9	11	11				9	9	30
3	13	7	19				13	2	15	17	18	54	13	2	39	17	17	59
4	2	22	45	17	2	37	2	12	23				2	9	36			
5				6	19	36				6	6	44	10	18	16	6	1	35
6	10	16	51				10	2	5							14	22	13
7	18	23	42	14	4	44				14	14	16	18	19	6			
8				3	17	48	13	11	26							3	16	22
9	7	11	3				7	4	4	3	8	7	7	13	47			
10	15	18	23	11	3	29	15	19	20	11	23	5				11	10	57
11				19	10	17				19	10	50	15	17	9			
12	4	2	44	8	20	2	4	2	10	8	17	22				19	10	21
13	12	14	11				12	9	35				4	2	48	8	18	37
14				16	23	42				16	9	18	12	10	7	16	2	6
15	1	21	8				1	5	18				1	19	24	5	3	36
16				5	18	22	9	23	12	5	2	2	9	8	45			
17	9	15	11													13	20	38
18				13	18	53				13	11	18	17	17	52			
19	17	11	30				17	6	33							2	14	40
20	6	19	1	2	3	28	6	18	14	2	0	51	6	10	45			
21	14	3	43	10	10	23				10	10	50				10	5	59
22	3	16	33	18	21	40	14	1	49	18	17	36	14	2	46	18	18	18
23				7	12	22	3	9	57				3	9	39			
24	11	8	56				11	21	3	7	3	4	11	17	3	7	1	7
25				15	22	12				15	6	6				15	16	0
26	19	18	30				19	3	28				19	11	49			
27				4	13	58	8	21	42	4	0	51				4	8	27
28	8	8	27							12	17	58	8	5	36			
29	16	18	34	12	2	4	16	18	47				16	13	23	12	3	0
30				1	9	59				1	10	51				1	7	51

				SOLIS GEMINI		LVNAE S. G		S. G	
			.IVNIVS.						
1	e	KL	Nicomedis martyris	19	35	6	23	6	6
2	f	4 noñ	Marcellini & Petri	20	32	7	6	6	19
3	g	3 noñ	Erasmi episcopi	21	29	7	19	7	2
4	A	2 noñ		22	26	8	2	7	15
5	b	Noñ	Bonifacij papę	23	23	8	16	7	28
6	c	8 id9		24	20	8	29	8	11
7	d	7 id9		25	17	9	12	8	24
8	e	6 id9		26	14	9	25	9	7
9	f	5 id9	Primi & Foeliciani	27	11	10	8	9	20
10	g	4 id9		28	8	10	21	10	3
11	A	3 id9	Barnabę apostoli	29	5	11	5	10	17
12	b	2 id9	CANCER	0	2	11	18	11	0
13	c	Idus		0	59	0	1	11	13
14	d	18 kal	Iulij	1	56	0	14	11	26
15	e	17 kal	Viti martyris	2	53	0	27	0	9
16	f	16 kal		3	50	1	10	0	22
17	g	15 kal		4	47	1	24	1	5
18	A	14 kal	Marci & Marcelliani	5	44	2	7	1	18
19	b	13 kal	Geruialij & Protalij	6	41	2	20	2	1
20	c	12 kal		7	38	3	3	2	14
21	d	11 kal	Albani martyris	8	35	3	16	2	27
22	e	10 kal	Achatij & sociorum eius	9	32	4	0	3	10
23	f	9 kal	Vigilia	10	29	4	13	3	23
24	g	8 kal	Ioannis baptistę	11	26	4	26	4	6
25	A	7 kal		12	23	5	9	4	19
26	b	6 kal	Ioannis & Pauli	13	21	5	22	5	3
27	c	5 kal	Septem dormientium	14	18	6	5	5	16
28	d	4 kal	Leonis papę Vigilia	15	15	6	19	5	29
29	e	3 kal	Petri & Pauli apostoloru	16	12	7	2	6	12
30	f	2 kal	Comemoratio.s.Pauli	17	9	7	15	6	25

	CON.			OPPO.			CON.			OPPO.			CON.			OPPO.		
1	5	1	42	9	17	54	5	2	30	9	17	52	5	1	26	9	18	9
2	13	19	31				13	10	50				13	9	18			
3				17	15	56	2	23	20	17	4	41	2	17	15	17	1	0
4	2	12	58							6	18	58				6	10	12
5				6	10	29	10	15	27				10	4	0			
6	10	7	41	14	16	7										14	12	29
7	18	9	52							14	4	43	18	9	52			
8	7	18	52	3	2	46	18	1	9	3	20	46				3	7	12
9				11	10	41	7	15	28	11	9	13	7	4	13			
10	15	1	53	19	18	38	15	2	6	19	17	31				11	0	37
11	4	12	13				4	9	7				15	2	7	19	18	19
12				8	6	42	12	18	0	8	1	18	4	10	0	8	1	26
13	12	2	12							16	22	30	12	16	50	16	11	39
14				16	14	38	1	19	26				1	6	11			
15	1	11	46				5	16	46				9	22	3	5	1	41
16				5	8	21	9	14	10									
17	9	4	8							13	23	6				13	11	18
18	17	18	55	13	3	8	17	17	4				17	7	50			
19	6	1	46	2	10	24				2	10	9	6	22	32	2	3	39
20	14	14	15	10	17	20	6	2	31	10	18	16				10	16	28
21				18	9	32	14	9	18				14	9	43			
22	3	5	39				3	19	21	18	1	55	3	16	40	18	1	6
23	11	23	46	7	2	28				7	13	43				7	8	40
24							11	9	1	15	21	10	11	1	18			
25				15	11	35	19	18	24							15	5	11
26	19	6	44							4	15	6	19	2	6	4	23	19
27	8	18	11	4	0	53	8	11	5				8	20	45			
28				12	10	50				12	6	10				12	17	58
29	16	1	37	1	17	28	16	2	33	1	18	4	16	0	20	1	17	35
30	5	9	57				5	9	27				5	10	3			
31				9	3	11	13	21	21	9	0	58	13	16	51	9	1	49

⟨KL⟩ .IVLIVS.

					SOLIS		LVNAE	
					S. G.		S. G.	
1	g	KL	Octaua.s.Ioannis baptiste		18	6	7 28	7 8
2	A	6 ñon	Visitatio Marie		19	3	8 11	7 21
3	b	5 noñ			20	0	8 24	8 4
4	c	4 noñ			20	57	9 8	8 17
5	d	3 noñ			21	54	9 21	9 0
6	e	2 noñ	Octaua sanctorū Petri & Pauli		22	51	10 4	9 13
7	f	Noñ			23	48	10 17	9 26
8	g	8 id9			24	45	11 0	10 9
9	A	7 id9			25	42	11 14	10 22
10	b	6 id9	Septem fratrum		26	40	11 27	11 5
11	c	5 id9			27	37	0 10	11 18
12	d	4 id9			28	34	0 23	0 2
13	e	3 id9	Margarete uirginis		29	31	1 6	0 15
14	f	2 id9	LEO		0	28	1 19	0 28
15	g	Idus	Diuisio apostolorū		1	26	2 3	1 11
16	A	17 kal	Augusti		2	23	2 16	1 24
17	b	16 kal	Alexij confessoris		3	21	2 29	2 7
18	c	15 kal			4	18	3 12	2 20
19	d	14 kal			5	15	3 25	3 3
20	e	13 kal			6	12	4 8	3 16
21	f	12 kal	Braxedis uirginis		7	9	4 22	3 29
22	g	11 kal			8	6	5 5	4 12
23	A	10 kal	Apollinaris martyris		9	4	5 18	4 25
24	b	9 kal	Vigilia		10	2	6 1	5 8
25	c	8 kal	Iacobi apostoli Christophori		11	0	6 14	5 21
26	d	7 kal	Anne matris Marie		11	57	6 28	6 4
27	e	6 kal			12	55	7 11	6 18
28	f	5 kal	Pantaleonis martyris		13	52	7 24	7 1
29	g	4 kal			14	50	8 7	7 14
30	A	3 kal			15	47	8 20	7 27
31	b	2 kal			16	45	9 3	8 10

	CON.			OPPO.			CON.			OPPO.			CON.			OPPO.	
1	13	9	37							17	16	26				17	9	20
2				17	6	49	2	12	26				2	2	38	6	20	48
3	2	4	13							6	9	10	10	15	51			
4	10	22	22	6	1	31	10	6	23									
5	18	18	53	14	2	12				14	18	32				14	3	47
6				3	10	56	18	13	51				18	1	6	3	21	56
7	7	2	29	11	17	51	7	1	38	3	8	12	7	18	4			
8	15	11	7				15	9	18	11	18	16				11	13	16
9	4	23	53	19	5	3	4	17	26	19	1	6	15	10	14			
10				8	19	48				8	10	33	4	17	12	19	1	50
11	12	16	23				12	4	32				12	0	29	8	8	41
12							16	13	33				1	19	20	16	23	30
13				16	5	42	1	10	58							5	15	59
14	1	2	2	5	21	34				5	8	18	9	13	9			
15	9	16	7				9	4	17									
16				13	10	56				13	9	46	17	21	4	13	1	36
17	17	2	19	2	17	47	17	2	32	2	18	41				2	15	37
18	6	9	29	10	1	43	6	10	29				6	9	13	10	1	59
19	14	3	19	18	25	45	14	18	38	10	1	43	14	17	10			
20	3	20	50							18	12	27				18	8	54
21				7	18	14	3	7	12				3	1	8	7	18	7
22	11	15	38							7	2	54	11	11	57			
23							11	22	23	15	12	42				15	20	27
24	19	17	57	15	0	5	19	9	11				19	17	53			
25				4	10	54	8	23	37	4	4	53				4	15	16
26	8	3	8	12	18	53				12	17	24	8	12	20			
27	16	10	5				16	10	19				16	10	20	12	8	46
28	5	20	29	1	2	51	5	17	24	1	1	44	5	18	18	1	2	34
29				9	15	1				9	9	31				9	9	44
30							13	10	32				13	2	20	17	20	0
31	13	1	35	17	23	2				17	6	53	2	14	35			

.AVGVSTVS.

				SOLIS LEO.		LVNAE S. G.		S. G.	
1	c	**KL** Petri ad uincula		17	43	9	17	8	23
2	d	4 noñ	Stephani papę	18	40	10	0	9	6
3	e	3 noñ	Inuentio.s.Stephani	19	38	10	13	9	19
4	f	2 noñ		20	36	10	26	10	2
5	g	Noñ		21	33	11	9	10	15
6	A	8 id⁹	Sixti papę	22	31	11	22	10	28
7	b	7 id⁹	Afrę martyris	23	29	0	6	11	11
8	c	6 id⁹	Cyriaci & sociorum eius	24	26	0	19	11	24
9	d	5 id⁹	Vigilia	25	24	1	2	0	7
10	e	4 id⁹	Laurentij martyris	26	22	1	15	0	20
11	f	3 id⁹	Tyburtij martyris	27	20	1	28	1	3
12	g	2 id⁹	Clarę uirginis	28	18	2	12	1	17
13	A	Idus	Hippolyti martyris	29	16	2	25	2	0
14	b	19 kal	Septembris Vigilia VIRGO	0	14	3	8	2	13
15	c	18 kal	Assumptio Marię	1	12	3	21	2	26
16	d	17 kal		2	10	4	4	3	9
17	e	16 kal	Octaua.s.Laurentij	3	8	4	17	3	22
18	f	15 kal	Agapiti martyris	4	6	5	1	4	5
19	g	14 kal		5	4	5	14	4	18
20	A	13 kal	Bernardi confessoris	6	3	5	27	5	1
21	b	12 kal		7	1	6	10	5	14
22	c	11 kal	Timothei & Symphoniani	7	59	6	23	5	27
23	d	10 kal	Vigilia	8	58	7	6	6	10
24	e	9 kal	Bartholemęi apostoli	9	56	7	20	6	23
25	f	8 kal		10	55	8	3	7	6
26	g	7 kal		11	53	8	16	7	19
27	A	6 kal	Ruffi martyris	12	51	8	29	8	3
28	b	5 kal	Augustini episcopi	13	50	9	12	8	16
29	c	4 kal	Decollatio.s.Ioannis baptistę	14	48	9	26	8	29
30	d	3 kal	Foelicis & Adaucti	15	47	10	9	9	12
31	e	2 kal		16	46	10	22	9	25

	CON.			OPPO.			CON.			OPPO.			CON.			OPPO.		
1	2	20	14				2	3	53				10	6	31	6	10	7
2				6	16	52	10	22	41	6	1	14						
3	10	12	42	14	11	40										14	19	49
4	18	3	30	3	19	1				14	7	38	18	16	28			
5	7	10	24				18	1	39	3	18	27				3	12	17
6	15	22	59	11	2	0	7	11	7				7	7	11			
7				19	18	19	15	18	1	11	2	58	15	18	47	11	1	11
8	4	14	29				4	4	10	19	10	41				19	9	51
9				8	11	24	12	17	57	8	22	33	4	1	26	8	17	29
10	12	8	43										12	10	11	16	14	9
11				16	20	36				16	6	12	1	11	4			
12	1	15	45				1	3	26							5	8	24
13				5	9	57	9	20	12	5	0	13	9	5	53			
14	9	3	14	13	19	9				13	19	45				13	15	20
15	17	10	41				17	11	38				17	9	28			
16	6	19	18	2	2	37	6	18	36	2	3	12	6	19	13	2	2	46
17	14	19	1	10	12	26				10	10	9				10	11	6
18				18	16	18	14	6	39				14	2	4	18	18	39
19	3	13	47				3	21	55	18	1	51	3	12	0			
20				7	11	7				7	18	43				7	6	15
21	11	8	0				11	16	2									
22				15	11	45	19	23	29	15	4	10	11	1	30	15	13	31
23	19	4	25	4	20	25				4	17	50	19	10	50			
24	8	12	1				8	11	17				8	3	50	4	7	42
25	16	20	52	12	3	26	16	18	58	12	3	54	16	19	55	12	23	7
26				1	14	53				1	10	48				1	11	29
27	5	9	54				5	3	14				5	2	55	9	18	26
28				9	5	48				9	20	26	13	14	30			
29	13	18	53				13	2	31	17	23	44				17	9	33
30				17	15	53	2	21	13				2	5	30			
													10	23	29			

.SEPTEMBER.

				SOLIS VIRGO		S. G.		S. G.	
1	f	KL	AEgidij abbatis	17	44	11	5	10	8
2	g	4 noñ		18	43	11	18	10	21
3	A	3 noñ		19	42	0	1	11	4
4	b	2 noñ		20	40	0	15	11	17
5	c	Noñ		21	39	0	28	0	0
6	d	8 id⁹	Magni confessoris	22	38	1	11	0	13
7	e	7 id⁹		23	37	1	24	0	26
8	f	6 id⁹	Natalis Marię	24	36	2	7	1	9
9	g	5 id⁹	Gorgonij martyris	25	34	2	20	1	22
10	A	4 id⁹		26	33	3	4	2	5
11	b	3 id⁹	Proti & Hyacynthi	27	32	3	17	2	19
12	c	2 id⁹		28	31	4	0	3	2
13	d	Idus		29	30	4	13	3	15
14	e	18 kal	Octobris, Exaltatio.s.crucis LIBRA	0	29	4	26	3	28
15	f	17 kal		1	28	5	10	4	11
16	g	16 kal		2	28	5	23	4	24
17	A	15 kal		3	27	6	6	5	7
18	b	14 kal		4	26	6	19	5	20
19	c	13 kal		5	25	7	2	6	3
20	d	12 kal	Vigilia	6	25	7	15	6	16
21	e	11 kal	Matthei apostoli	7	24	7	29	6	29
22	f	10 kal	Mauritij & sociorum eius	8	24	8	12	7	12
23	g	9 kal		9	23	8	25	7	25
24	A	8 kal		10	23	9	8	8	8
25	b	7 kal		11	22	9	21	8	21
26	c	6 kal		12	22	10	4	9	4
27	d	5 kal	Cosmę & Damiani	13	21	10	18	9	18
28	e	4 kal		14	21	11	1	10	1
29	f	3 kal	Michaelis archangeli	15	20	11	14	10	14
30	g	2 kal	Hieronymi confessoris	16	20	11	27	10	27

	1475 CON.			1475 OPPO.			1494 CON.			1494 OPPO.			1513 CON.			1513 OPPO.		
1	2	12	13	6	7	43				6	18	36				6	2	13
2	10	2	17	14	20	57	10	15	36									
3	18	12	23							14	19	55				14	11	55
4	7	19	37	3	3	51	18	12	40				18	7	22			
5				11	11	56	7	20	25	3	4	49	7	19	27	3	1	53
6	15	13	49				15	4	57	11	11	52				11	12	12
7				19	10	24	4	17	45	19	22	52	15	3	21	19	19	10
8	4	7	34							8	13	33	4	11	29			
9				8	5	2	12	10	8				12	22	30	8	4	33
10	12	2	28							16	23	34				16	7	20
11				16	10	45	1	20	2				1	4	48			
12	1	4	31	5	21	28				5	15	40	9	23	17	5	2	14
13	9	13	41				9	10	22									
14	17	20	42	13	4	32	17	20	53	13	5	25	17	21	2	13	4	7
15				2	14	38				2	12	20				2	13	13
16	6	7	23				6	4	5	10	20	18	6	4	56	10	20	25
17	14	12	56	10	2	4	14	21	44				14	13	14			
18				18	10	24				18	18	15				18	7	2
19	3	7	37				3	15	16				3	1	47	7	21	26
20				7	4	13				7	12	43						
21	11	0	2	15	22	40	11	10	12	15	18	57	11	17	57			
22	19	14	29				19	12	52							15	7	23
23	8	21	25	4	5	59	8	22	14	4	5	53	19	3	58	4	23	43
24				12	13	3				12	14	2	8	18	35	12	12	29
25	16	10	30				16	5	13	1	21	59	16	5	31	1	16	57
26				1	5	57	5	15	38				5	12	38			
27	5	2	17	9	23	18				2	10	11				9	4	47
28							13	20	42				13	5	41			
29	13	12	25							17	18	14				17	2	2
30				17	8	24	2	15	29				2	23	6	6	20	31
31	2	2	28	6	21	36				6	12	11	10	18	2			

KL

#				SOLIS LIBRA		S. G.		S. G.	
1	A	KL	Remigij episcopi	17	20	0	10	11	10
2	b	6 noñ	Leodegarij episcopi	18	19	0	24	11	23
3	c	5 noñ		19	19	1	7	0	6
4	d	4 noñ	Francisci confessoris	20	19	1	20	0	19
5	e	3 noñ		21	19	2	3	1	2
6	f	2 noñ		22	19	2	16	1	15
7	g	Noñ		23	19	2	29	1	28
8	A	8 id9		24	19	3	13	2	11
9	b	7 id9	Dionysij & sociorū eius	25	19	3	26	2	24
10	c	6 id9		26	19	4	9	3	7
11	d	5 id9		27	19	4	22	3	20
12	e	4 id9		28	20	5	5	4	4
13	f	3 id9		29	20	5	18	4	17
14	g	2 id9	Calisti pape SCORPIO	0	20	6	2	5	0
15	A	Idus		1	20	6	15	5	13
16	b	17 kal	Nouembris Galli confessoris	2	21	6	28	5	26
17	c	16 kal	Marthe hospite Christi	3	21	7	11	6	9
18	d	15 kal	Luce euangeliste	4	21	7	24	6	22
19	e	14 kal		5	22	8	8	7	5
20	f	13 kal		6	22	8	21	7	18
21	g	12 kal	Vndecim miliū uirginū	7	23	9	4	8	1
22	A	11 kal	Seueri episcopi	8	23	9	17	8	14
23	b	10 kal	Seuerini episcopi	9	24	10	0	8	27
24	c	9 kal		10	25	10	13	9	10
25	d	8 kal	Crispini & Crispiniani	11	25	10	27	9	23
26	e	7 kal		12	26	11	10	10	6
27	f	6 kal	Vigilia	13	27	11	23	10	19
28	g	5 kal	Simonis & Iude apostolorum	14	27	0	6	11	3
29	A	4 kal		15	28	0	19	11	16
30	b	3 kal		16	29	1	2	11	29
31	c	2 kal		17	29	1	16	0	12

	·1475·						·1494·						·1513·					
	CON.			OPPO.			CON.			OPPO.			CON.			OPPO.		
1	10	14	48	14	6	32	10	8	8									
2	18	22	9	3	14	10	18	23	8	14	7	15	18	21	13	14	3	11
3	7	6	49				7	6	5	3	14	40				3	14	24
4				11	0	19	15	18	42	11	21	42	7	6	49			
5	15	7	23							19	14	2	15	13	44	11	22	40
6				19	4	47	4	10	16				4	23	57	19	6	26
7	4	2	17	8	23	39				8	7	13				8	18	24
8	12	20	28				12	4	36				12	13	38			
9				16	23	43				16	16	33	1	23	26	16	2	18
10	1	16	17				1	11	46							5	20	16
11	9	23	52	5	8	17	9	23	20	5	6	1	9	16	19			
12				13	15	46				13	15	17				13	15	54
13	17	9	5				17	6	52	2	22	48	17	7	49	2	23	23
14	6	22	27	2	3	3	6	15	23				6	14	50			
15				10	18	35				10	8	44				10	6	25
16	14	7	50				14	15	24				14	3	0	18	22	13
17				18	4	46				18	12	44	3	18	23			
18	3	1	2	7	20	24	3	10	17							7	15	14
19	11	14	48							7	7	40						
20				15	9	3	11	4	35	15	8	18	11	12	36			
21	19	0	31	4	16	2	19	0	58	4	17	0	19	20	7	15	0	47
22	8	7	54				8	8	38				8	7	56	4	14	27
23				12	0	21	16	17	34	12	0	4	16	15	37	12	0	32
24	16	2	55	1	23	38				1	11	40	5	23	58	1	7	29
25	5	20	55				5	7	4							9	17	12
26				9	18	25				9	2	42	13	23	27			
27							13	15	52							17	20	45
28	13	5	0	17	23	35				17	12	54	2	18	15			
29	2	17	13	6	10	2	2	9	13							6	15	52
30				14	17	4	10	23	15	6	4	45	10	12	42			

KL .NOVEMBER.

					SOLIS SCORPIO		LVNAE S. G.		S. G.	
1	d	KL	Omnium fanctorum		18	30	1	29	0	25
2	e	4 noñ	Cõmemoratio animarũ		19	31	2	12	1	8
3	f	3 noñ			20	32	2	25	1	21
4	g	2 noñ			21	33	3	8	2	4
5	A	Noñ			22	34	3	22	2	17
6	b	8 id9	Leonardi confefforis		23	35	4	5	3	0
7	c	7 id9			24	36	4	18	3	13
8	d	6 id9	Quattuor coronatorũ		25	37	5	1	3	26
9	e	5 id9			26	38	5	14	4	9
10	f	4 id9	Martini papę		27	39	5	27	4	22
11	g	3 id9	Martini epifcopi		28	40	6	11	5	5
12	A	2 id9			29	41	6	24	5	19
13	b	Idus	Briccij epifcopi SAGITTARIVS		0	42	7	7	6	2
14	c	18 kał	Decembris		1	44	7	20	6	15
15	d	17 kał			2	45	8	3	6	28
16	e	16 kał			3	46	8	16	7	11
17	f	15 kał			4	48	9	0	7	24
18	g	14 kał			5	49	9	13	8	7
19	A	13 kał	Elizabeth uiduę		6	50	9	26	8	20
20	b	12 kał			7	51	10	9	9	3
21	c	11 kał			8	52	10	22	9	16
22	d	10 kał	Cecilię uirginis		9	54	11	6	9	29
23	e	9 kał	Clementis papę		10	55	11	19	10	12
24	f	8 kał	Chryfogoni martyris		11	56	0	2	10	25
25	g	7 kał	Katherinę uirginis		12	57	0	15	11	8
26	A	6 kał	Lini papę		13	59	0	28	11	21
27	b	5 kał			15	0	1	11	0	5
28	c	4 kał			16	1	1	25	0	18
29	d	3 kał	Vigilia		17	2	2	8	1	1
30	e	2 kał	Andreę apoftoli		18	4	2	21	1	14

	1475 CON.			1475 OPPO.			1494 CON.			1494 OPPO.			1513 CON.			1513 OPPO.		
1	10	2	18							14	17	49				14	16	51
2	18	9	22	3	2	25	18	9	17				18	9	37			
3	7	20	22	11	15	25	7	16	36	3	0	48	7	17	24	3	1	46
4							15	11	6	11	8	55				11	8	51
5	15	2	36							19	7	44	15	2	4	19	20	4
6	4	21	11	19	0	4	4	4	55				4	14	57			
7				8	17	41	12	23	55	8	2	27				8	10	54
8	12	13	17										12	7	32	16	21	1
9				16	11	21	16	8	2				1	17	27			
10	1	3	5	5	18	32	1	1	49	5	18	44				5	13	6
11	9	10	3				9	10	57				9	7	43			
12	17	23	51	13	5	7	17	18	2	13	1	46	17	18	8	13	2	39
13				2	19	31				2	10	59				2	9	37
14	6	16	3				6	4	51	10	23	36	6	1	23	10	17	39
15				10	13	10							14	19	19			
16	14	2	8	18	21	57	14	10	40							18	15	50
17	3	16	46							18	8	10	3	13	1			
18				7	10	45	3	5	15	7	1	56				7	10	31
19	11	3	48	15	19	17	11	21	42	15	20	7						
20	19	10	59				19	11	55				11	8	0	15	16	31
21	8	19	57	4	3	8	8	18	52	4	3	24	19	10	26			
22				12	13	38				12	10	33	8	19	43	4	3	25
23	16	21	24				16	8	14				16	2	45	12	11	28
24				1	18	47				1	3	48	5	13	18	1	19	34
25	5	16	23				5	0	11	9	21	15				9	7	58
26				9	13	39							13	18	43			
27	13	19	37				13	10	21							17	16	15
28				17	12	50				17	6	16	2	13	29			
29	2	5	15	6	21	8	2	1	16	6	19	18				6	10	8
30	10	12	38	14	4	54	10	12	27				10	6	1			
31	18	22	23	3	16	49	18	19	43	14	4	6	18	20	40	14	4	52

KL · DECEMBER · SAGITTARIVS — SOLIS ‖ LVNAE

Day		Roman	Feast	SAGITTARIVS / CAPRICORNVS		SOLIS S. G.		LVNAE S. G.	
1	f	KL		19	5	3	4	1	27
2	g	4 noñ		20	7	3	17	2	10
3	A	3 noñ		21	8	4	0	2	23
4	b	2 noñ	Barbarę uirginis	22	10	4	14	3	6
5	c	Noñ		23	11	4	27	3	19
6	d	8 id9	Nicolai episcopi	24	12	5	10	4	2
7	e	7 id9	Octaua sancti Andreę	25	14	5	23	4	15
8	f	6 id9	Conceptio Marię	26	15	6	6	4	28
9	g	5 id9		27	17	6	20	5	11
10	A	4 id9		28	18	7	3	5	24
11	b	3 id9	Damasi papę	29	20	7	16	6	7
12	c	2 id9	CAPRICORNVS	0	21	7	29	6	20
13	d	Idus	Lucię uirginis	1	23	8	12	7	4
14	e	19 kał	Ianuarij Nicasij episcopi	2	24	8	25	7	17
15	f	18 kał		3	27	9	9	8	0
16	g	17 kał		4	28	9	22	8	13
17	A	16 kał	Ignacij episcopi	5	29	10	5	8	26
18	b	15 kał		6	30	10	18	9	9
19	c	14 kał		7	32	11	1	9	22
20	d	13 kał	Vigilia	8	33	11	14	10	5
21	e	12 kał	Thomę apostoli	9	35	11	28	10	18
22	f	11 kał		10	36	0	11	11	1
23	g	10 kał		11	38	0	24	11	14
24	A	9 kał	Vigilia	12	39	1	7	11	27
25	b	8 kał	Natalis domini	13	40	1	20	0	10
26	c	7 kał	Stephani ptomartyris	14	42	2	4	0	23
27	d	6 kał	Ioannis euangelistę	15	43	2	17	1	6
28	e	5 kał	Innocentum	16	45	3	0	1	20
29	f	4 kał	Thomę episcopi	17	46	3	13	2	3
30	g	3 kał		18	47	3	26	2	16
31	A	2 kał	Siluestri papę	19	49	4	9	2	29

LA TABVLA DI PAESI.

		h.m.	G			h.m.	G
Hybernia	m	1 16	59	Madeburgum	a	0 16	54
Scotia	m	0 36	59	Erfordia	a	0 4	51
Oxonium	m	0 52	53	Lips	a	0 10	51
Compoſtellum	m	1 40	45	Ingelſtadium	a	0 4	49
Lyſibona	m	1 40	41	Nuremberga	a	0 0	49
Toletum	m	1 24	41	Ratiſbona	a	0 6	49
Corduba	m	1 27	38	Vlma	a	0 0	47
Ceſarauguſta	m	1 6	41	Praga	a	0 24	50
Rhotomagus	m	0 43	50	Vratiſlauia	a	0 40	51
Pariſius	m	0 30	48	Cracouia	a	0 56	51
Lugdunum	m	0 31	45	Caſchouia	a	0 56	50
Burdigalia	m	0 52	45	Buda	a	0 50	47
Auinio	m	0 32	44	Segnia	a	0 32	45
Toloſa	m	0 43	43	Vienna Pannonię	a	0 15	48
Vienna prouincię	m	0 30	44	Patauia	a	0 10	48
Maſſilia	m	0 28	43	Salçeburgum	a	0 12	48
Prugis	m	0 36	52	Iudeburgum	a	0 14	47
Gandauum	m	0 24	52	Villacum	a	0 13	46
Traiectum	m	0 12	53	Brixina	a	0 8	45
Colonia agrippina	m	0 13	51	Venetię	a	0 10	45
Machilinia	m	0 24	51	Ancon	a	0 14	44
Maguntia	m	0 15	50	Roma	a	0 20	42
Herbipolis	m	0 4	50	Tarentum	a	0 44	40
Argentina	m	0 12	47	Brunduſium	a	0 40	39
Conſtantia	m	0 10	46	Neapolis	a	0 36	41
Auguſta uindelicoꝛ	a	0 10	46	Florentia	a	0 10	43
Dacia	a	0 36	58	Mediolanum	a	0 0	44
Suetia	a	0 28	62	Taurinum	m	0 2	43
Lubeca	a	0 16	56	Genua	m	0 4	43
Dantiſcum	a	0 56	56	Sardinia	a	0 2	38
Prunſuiga	a	0 0	53	Sicilia	a	0 30	37

1475	1475	1476
Ecliplis de la Luna	Ecliplis de la Luna	Ecliplis de la Luna
22 6 42	14 19 9	10 7 24
Martio	Septembrio	Martio
Meça duration	Meça duration	Meça duration
1 47	1 45	1 45

1476	1478	1479
Ecliplis de la Luna	Ecliplis del Sole	Ecliplis de la Luna
3 11 40	29 1 59	3 15 56
Septembrio	Luio	Luio
Meça duration	Meça duration	Meça duration
1 46	0 56	1 53
	Puncti noue	

1479	1479	1480
Eclipſis del Sole	Eclipſis de la Luna	Eclipſis de la Luna
12 23 47	28 12 50	21 21 40
Decembrio	Decembrio	Zugno
Meça duration	Meça duration	Meça duration
1 2	1 44	1 31
Puncti ſette		Puncti octo

1481	1482	1482
Eclipſis del Sole	Eclipſis del Sole	Eclipſis de la Luna
28 6 23	17 7 42	26 5 57
Maço	Maço	Octobrio
Meça duration	Meça duration	Meça duration
0 43	0 55	1 39
Puncti tre	Puncti cinque	Puncti undecim

1483	1483	1485
Eclipſis de la Luna	Eclipſis de la Luna	Eclipſis del Sole
22 10 31	15 14 38	16 4 35
Aprile	Octobrio	Martio
Meça duration	Meça duration	Meça duration
1 47	1 51	1 0

1486	1486	1487
Eclipſis de la Luna	Eclipſis del Sole	Eclipſis de la Luna
18 5 41	5 17 43	7 15 49
Februario	Martio	Februario
Meça duration	Meça duration	Meça duration
1 47	1 0	1 46
	Puncti noue	

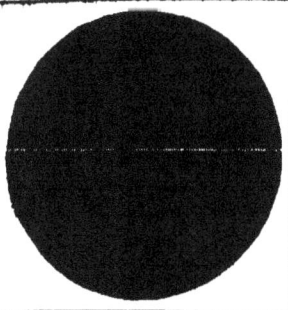

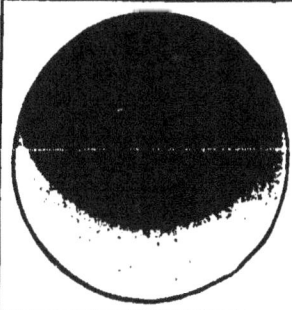

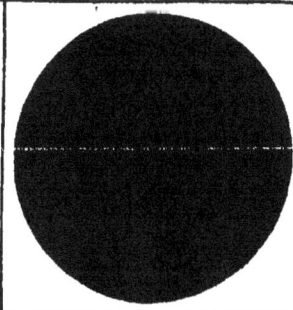

1487	1488	1489
Eclipsis del Sole	Eclipsis del Sole	Eclipsis de la Luna
20 2 6	8 17 30	7 17 41
Luio	Luio	Decembrio
Meça duration	Meça duration	Meça duration
0 51	0 41	1 45
Puncti sette	Puncti quatro	

1490	−1490	1491
Eclipsis de la Luna	Eclipsis de la Luna	Eclipsis del Sole
2 10 6	26 18 25	8 3 18
Zugno	Nouembrio	Maço
Meça duration	Meça duration	Meça duration
1 55	1 47	1 5
		Puncti noue

1493	1493	1494
Ecliplis de la Luna	Ecliplis del Sole	Ecliplis del Sole
1 13 58	10 2 38	7 4 12
Aprile	Octobrio	Martio
Meça duration	Meça duration	Meça duration
1 49	1 4	0 44
	Puncti octo	Puncti quatro

1494	1494	1497
Ecliplis de la Luna	Ecliplis de la Luna	Ecliplis de la Luna
21 14 38	14 19 45	18 6 38
Martio	Septembrio	Zenaro
Meça duration	Meça duration	Meça duration
1 46	1 48	1 46

1497	1500	1501
Eclipſis del Sole	Eclipſis de la Luna	Eclipſis de la Luna
29 3 2	5— 14 2	2 17 49
Luio	Nouembrio	Maço
Meça duration	Meça duration	Meça duration
0 36	1 37	1 52
Puncti tre	Puncti dece	

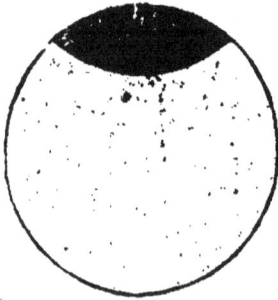

1502	1502	1504
Eclipſis del Sole	Eclipſis de la Luna	Eclipſis de la Luna
30 19 45	15 12 20	29 13 36
Septembrio	Octobrio	Februario
Meça duration	Meça duration	Meça duration
1 7	1 1	1 46
Puncti dece	Puncti tre	

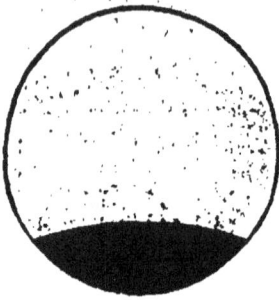

1505	1506	1508
Eclipſis de la Luna	Eclipſis del Sole	Eclipſis de la Luna
14 8 18	20 3 11	12 17 22
Auguſto	Luio	Zugno
Meça duration	Meça duration	Meça duration
1 43	0 29	1 53
	Puncti doi	

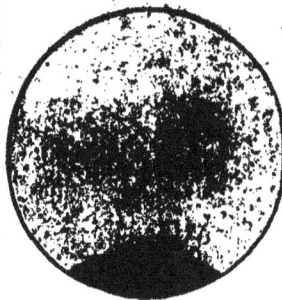

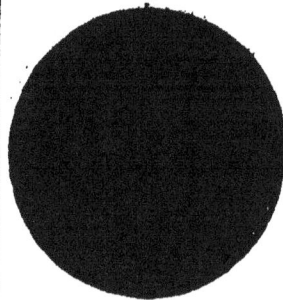

1509	1511	1513
Eclipſis de la Luna	Eclipſis de la Luna	Eclipſis del Sole
2 11 11	6 11 52	7 1 33
Zugno	Octobrio	Mattio
Meça duration	Meça duration	Meça duration
1 26	1 40	0 59
Puncti ſette		Puncti ſette

1515	1516	1516
Ecliplis de la Luna	Eclipsis de la Luna	Eclipsis de la Luna
29 15 20	19 6 0	13 11 39
Zenaro	Zenaro	Luio
Meça duration	Meça duration	Meça duration
1 47	1 45	1 42

1516	1518	1518
Eclipsis del Sole	Eclipsis de la Luna	Eclipsis del Sole
23 3 59	24 11 22	7 17 54
Decembrio	Maço	Zugno
Meça duration	Meça duration	Meça duration
0 40	1 34	1 6
Puncti tre	Puncti noue	Puncti undece

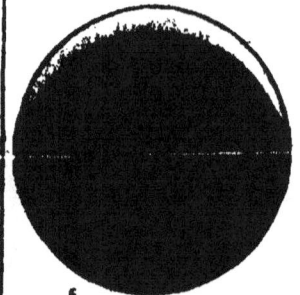

1519	1519	1520
Eclipſis del Sole	Eclipſis de la Luña	Eclipſis del Sole
23 4 37	6 6 26	11 5 26
Octobrio	Nouembrio	Octobrio
Meça duration	Meça duration	Meça duration
0 58	1 50	0 47
Puncti ſei		Puncti tre

1520	1522	1523
Eclipſis de la Luna	Eclipſis de la Luna	Eclipſis de la Luna
25 16 57	5 12 1X	1 8 30
Octobrio	Septembrio	Martio
Meça duration	Meça duration	Meça duration
1 2	1 44	1 48
Puncti tre		

1523	1525	1525
Eclipfis de la Luna	Eclipfis de la Luna	Eclipfis de la Luna
25 15 16	4 10 12	29 10 8
Augufto	Luio	Decembrio
Meça duration	Meça duration	Meça duration
1 47	0 50	1 44
	Puncti doi	

1526	1527	1530
Eclipfis de la Luna	Eclipfis de la Luna	Eclipfis de la Luna
18 10 31	7 10 54	7 12 12
Decembrio	Decembrio	Octobrio
Meça duration	Meça duration	Meça duration
1 48	0 58	1 50
	Puncti tre	

DEL NVMERO AVREO.

L numero aureo di qualunque anno cossi si troua. 1475
Vede quale anno sia proposto dal primo anno di 1494
Christo cominciando : el qual numero si ne la tabula 15 13
qua designata si trouera : el numero aureo sera. 13. 15 32
Sel non si troua: agiunge al proximo minor numero qua expresso. 13. 15 51
al sequête. 14. & a quello che segue anchor. 15. & cossi p ordine p infin 15 70
che lhauerai ridutto al numero di lanno proposto: cioe da a chadauno anno laureo
numero cominciando dal anno che appare ne la tabula : & dal primo. 13. che e nel
ordine de laureo numero infrascritto. Perche la si hauera il numero aureo ; doue
el tuo anno trouera la sedia. Sotto el qual subitamente apparera etiandio la chiaue
comune de le feste mobile.

13	14	15	16	17	18	19	1	2	3	4	5	6	7	8	9	10	11	12
14	33	22	11	30	19	38	26	15	34	23	12	31	20	39	28	17	36	25

DE LA LITTERA DOMINICAL.

A littera dominical p simile computatione si ritroua 1475
ne la tabula qua posta. Pero che sel numero di lanno 1503
proposto in essa tabula e scritto : la littera dominical 15 31
e A. Ma se qua nõ e expresso: da al proximo minor 15 59
scritto ne la tabula. A. al sequente. f.g. & anchor al sequente. e. & cossi p 15 87
ordine come nel aureo numero si demonstraua infin a tanto se puenga 16 15
a lanno proposto. Pero che la doue tale computatione di anni si finita: la i lordine
de la littera dominical sottoscritta la littera dominical cercada del tuo ãno conosce
rai. La qual se te occorre sola: se intende lanno esser cõmune. Se dupla: se intende
esser bissexto. La prima cioe la superior sera utile p infin ala festa di sãcto Mathia
apostolo. ma la inferior se die accõmodar a laltra parte di lanno.

A	g	e	d	c	b	g	f	e	d	b	A	g	f
	f			A				c				e	

d	c	b	A	f	e	d	c	A	g	f	e	c	b
	g				b				d				

Acilmente ogni anno a questo modo se puol conoscere linter
uallo di carneual : & le feste mobile. Considera laureo numero
di lanno proposto nel primo ordine di la tabula de le feste mo
bile : sotto el qual nel sequente ordine de le littere dominical
piglia la littera dominical de lanno tuo : la qual proximamete ti occorre : & quella
te dechiarata p questa tabula tutte le promesse . Pero che primamente uederai nel
uerso : el qual da quella littera dominical si porgie uerso la parte dextra : lo inter
uallo : cioe el tempo chi e da la natiuita dil saluatore per infin a la dominica ne la
qual si canta Esto mihi. Doppoi uede el di de la septuagesima : & tutte quelle cose
le qual sono scritte ne la fronte di la tabula . Ma nel interuallo sono doi ordini : de
li qual el primo insegna le septimane integre. el posterior dimonstra i giorni con
cuttenti : si qualcheuno fosseno i qualche anno : cioe i giorni i quali sono mancho
cha sette : i quali si agiungeno a le septimane integre. li qual certo e necessario che
acadano ogni fiata che la natiuitade dil nostro saluatore si celebra ultra la dominica
Per la qual cosa linteruallo di carneual sempre si troua esser parte de doi anni : ma
riceue el nome dal posteriore: nel qual ba el fine : benche li giorni cocurreti siano
de lanno priore : cioe li giorni che sono da natale a la dominica proxima sequente
quando esso natale se celebra in altro giorno cha la dominica. Onde ben se insegna
che ne lanno dil bissexto : essendo la littera dominical dupla : le septimane integre
si debbeno inuestigar per lordine posterior : ma li giorni concurrenti per el prior.
Et nõ sença ragione dichiamo che la littera dominical se piglia nel ordine suo sotto
el numero aureo. Pero che si qualche fiata la littera dominical appare drettamente
contra el numero aureo : quella non annũciara coueniente mente le feste mobile :
ma le necessario descender a la proxima. Pero che a questo modo mai la pascha nõ
se conuegnira con la obstinatione iudaica. la quale cosa e piaciuta a li nostri padri :
pur chel computo di la pascha iustamente se facia . Anchora e una altra uia di tro
uate cinque feste mobile: le chiaue de le quale sono poste nel kalendario: i questo
modo cioe. Quante sono le unitate di sopra p laureo numero ne la comuna chiaue
de le feste mobile trouate : tanti giorni coputa nel kalendario dal loco de la chiaue
di chadauna festa mobile. Et il postremo giorno si chiama tmino de la festa cercha
ta. Et quella festa si suole fare nel di de la dominica la quale i mediatamete seguita.
Ma ne lanno del bissexto te bisognano certe cautele. Perche in quello anno si deno
pigliar p la prima littera dominical: nõ solamente li cocurreti giorni : ma etiandio
la septuagesima & quadragesima. Et tutte laltre p la littera posteriore. La quadra
gesima pero si die tirar in drieto p uno giorno si secondo questa cautela uenera per
infin al uigesimoquarto giorno di Februario: o ueto doppoi quello giorno.

Lauro numero. 16	La littera dominicale.	Lo interuallo ad Esto mihi.	Li giorni concurrenti.	Zenaro La Septuagesima.	Februario La Quadragesima.	Martio La Pascha.	Aprile Le Procession.	Maço La Pentecoste.	Maço La festa dil corpo di Christo.	Le septimane de la Pente. a scō Io. bap.	Li giorni superflui.	Le septi. da Pent. al aduento dil signor.	Nouembrio Laduento dil signor.	Le septi. dal aduēto al natal dil signor.	Li giorni superflui.
5	d	5	3	18	8	22	26	10	21	6	3	29	29	3	5
	e	5	4	19	9	23	27	11	22	6	2	29	30	3	4
13	f	5	5	20	10	24	28	12	23	6	1	29	dę 1	3	3
2	g	5	6	21	11	25	29	13	24	6	0	29	2	3	2
	A	6	0	22	12	26	30 Aprse	14	25	5	6	29	3	3	1
10	b	6	1	23	13	27	1	15	26	5	5	28	dę 27	4	0
	c	6	2	24	14	28	2	16	27	5	4	28	28	3	6
18	d	6	3	25	15	29	3	17	28	5	3	28	29	3	5
7	e	6	4	26	16	30	4	18	29	5	2	28	30	3	4
	f	6	5	27	17	31	5	19	30	5	1	28	dę 1	3	3
15	g	6	6	28	18	Aprile 1	6	20	31	5	0	28	2	3	2
4	A	7	0	29	19	2	7	21	Sugno 1	4	6	28	3	3	1
	b	7	1	30	20	3	8	22	2	4	5	27	dę 29	4	0
12	c	7	2	31	21	4	9	23	3	4	4	27	28	3	6
1	d	7	3	febr.	22	5	10	24	4	4	3	27	29	3	5
	e	7	4	2	23	6	11	25	5	4	2	27	30	3	4
9	f	7	5	3	24	7	12	26	6	4	1	27	dę 1	3	3
	g	7	6	4	25	8	13	27	7	4	0	27	2	3	2

LA TABVLA DE LE FESTE MOBILE.

Laureo numero.	La littera dominicale.	Lo interuallo ad Esto mihi.	Li giorni concurrenti.	Februario La Septuagesima.	Februario La Quadragesima.	Aprile La Pascha.	Mazo Le Procession.	Mazo La Pentecoste.	Zugno La festa dil corpo di Christo.	Le septimane da la Pente. a scō Io. bap.	Li giorni superflui.	Le septi. da Pent. al aduento dil signor.	Decembrio L'aduento dil signor.	Le septi. dal aduēto al natal dil signor.	Li giorni superflui.
17	A	8	0	5	26	9	14	28	8	3	6	27	3	3	1
6	b	8	1	6	27	10	15	29	9	3	5	26	Nouē. 27	4	0
	c	8	2	7	28	11	16	30	10	3	4	26	28	3	6
14	d	8	3	8	Mzo 1	12	17	31	11	3	3	26	29	3	5
3	e	8	4	9	2	13	18	Zugno 1	12	3	2	26	30	3	4
	f	8	5	10	3	14	19	2	13	3	1	26	Deq. 1	3	3
11	g	8	6	11	4	15	20	3	14	3	0	26	2	3	2
	A	9	0	12	5	16	21	4	15	2	6	26	3	3	1
19	b	9	1	13	6	17	22	5	16	2	5	25	Nouē. 27	4	0
8	c	9	2	14	7	18	23	6	17	2	4	25	28	3	6
	d	9	3	15	8	19	24	7	18	2	3	25	29	3	5
	e	9	4	16	9	20	25	8	19	2	2	25	30	3	4
	f	9	5	17	10	21	26	9	20	2	1	25	Deq. 1	3	3
	g	9	6	18	11	22	27	10	21	2	0	25	2	3	2
	A	10	0	19	12	23	28	11	22	1	6	25	3	3	1
	b	10	1	20	13	24	29	12	23	1	5	24	Nouē. 27	4	0
	c	10	2	21	14	25	30	13	24	1	4	24	28	3	6

DE LE CONIVNCTIONE ET OP
POSITIONE DE LI LVMINARI.

E coniunctione & oppofitione uete de gli luminari : cioe dil
Sole & di la Luna facilmente fi aconofcano : intendendo primo
certi preamboli. Perche chadauno de gli dodece menfi de lanno
ha doe parte : o uero doe facie : de le qual la dextra apertiene al
kalendario. El primo ordine di quello ha el numero di giorni di chadauno menfe
el qual mai non paffa. 31. El fequente ordine e compofto di fette littere de le qual
chadauna fi riduce ad uno certo giorno de la feptimana. & quella che afpetta a la
dominica fi chiama littera dominical. Segueno oltra di quefto tre numeri de le none idi & kalende. Perche li giorni di chadauno menfe fi diftingueno in tre parte
cioe in kalende none & idi. & el primo giorno di chadauno mefe fi chiama kalende. & li giorni fequeti quatro o uero alguna fiata fei : fi chiamano none. & coffi in
chadauno mefe fono octo giorni chiamati idi. ma li giorni chi reftano fi chiamano
kalende numerate : li numeri de le qual : fi come de le none & idi : cotinuamente
bifogna chi decrefcano. Et benche le principal kalende none & idi habiano el nome dal menfe nel qual fi fcriuano ; nondimeno le kalende numerate fi riduceno al
fequente menfe. Onde etiandio fecondo lultima di quelle fi nota il nome del fequente menfe. Doppoi occorreno li nomi di certi fancti : a li quali fono dedicati
li giorni de li menfi. Vltimamente fono tre colonelle di numeri diftincte con doe
linee : la prima de le qual : fi come el titulo dimonftra : e del Sole : li primi numeri de la qual cotieneno li gradi integri del uero moto dil Sole : & li pofteriori con-
tieneno li minuti de li gradi. Et quelli gradi & li minuti fono di quello figno : el
qual proximamente fi foprafcriue. Le altre doe colonelle fi dano a la Luna : de le
qual luna & laltra ha li numeri dupli : li primi di quali fignificano li fegni : & li
pofteriori dimonftrano li gradi. Finalmente la facie finiftra doppoi el numero di
giorni fcritto con inchioftro ha fei colonne feparate con cinque fpacij uacui : chadauna de le qual e compofta di triplice ordine de numeri ; non fempre continua-
tamente : ma a la fiata per falto feguendofe. El primo ordine contiene el numero
aureo fcritto di roffo. el fecondo le hore. el terço comprende li minuti de le hore.
Quefte colonne fi adaptano a tre circuli de deceocto anni : de li quali chadauno
contiene deceocto anni. El primo incomincia da lanno dil noftro fignor Chrifto
1475. el fecondo dal. 1494. el terço dal. 1513. li quali anni fino reprefentati etiandio da li numeri foi pofti fopra doe colonne. Ma a chadauno di quefti circuli doe

de le fei colonne predicte fi adaptano. La prima colonna di chadauno circulo fer⁄
uiffe a le coniunctione di luminari. la pofterior a le oppofitione uere fecondo che
dinottano li tituli fcripti ne li capi de le colonne. Quando adunque cerchi di faper
el tempo de la uera coniunctione de li luminari in qualche menfe ufual : cercha el
numero aureo di lanno propofto ne la colonna de le coniunctione del circulo cur⁄
rente : cioe nel qual fi cotiene lanno ppofto : & da la dextra di quello drettamente
uedarai le hore & li minuti fil ge ne foffe alchune. ma da la finiftra uedarai nel ulti
mo ordine el numero dil giorno : dal cui meço di fi dieno coputar le hore pigliate
primo con li foi minuti. perche effendo quelle paffate fi fa tale coniunctione. Et fi
tu uoleffe chiamar tale giorno per qualche nome excellente : cercha el numero di
quello nel primo ordine del kalendario. pche apreffo a quello appareta qual gior⁄
no fia de la feptimana : o uero a quale fefta fia dedicato : o uero uicino. Simelmente
trouarai el tempo de la oppofitione uera : fi confiderarai laureo numero ne la co⁄
lonna de le oppofitione. Ma quefte cofe fi dieno intender fimplicemente fecondo
che hauemo admonito fe niuno figno di quefta forma. ⌐ ⌐ . auança fuora da le mi⁄
nute uoglia chel fia uoltado in fufo : uoglia in giu . Perche fe tale figno appareta
nel fpacio de le colonne : le hote per auanti pigliate fi titano ad uno altro giorno
cioe a quello apreffo al qual finiffe quello tale figno. come per exempio appare .
La coiuctione la qual fi nota nel tertio circulo apreffo al uigefimofecondo giorno
del Zenaro : apertiene al uigefimoprimo di quello medemo menfe. cioe : le hore
1ſ . con . 18 . minute fi debbeno numerar nõ dal meço di del uigefimofecondo gior⁄
no : el qual fi dimonftra dal numero aureo : ma dal meço di del uigefimoprimo.
perche quello tale figno uoltado in fufo finiffe la. Coffi etiandio la oppofition del
fecondo circulo la qual fe fcriue apreffo al nono giorno de Septembre : fi riduce al
octauo. & quella che fi pone apreffo al octauo : fi die ridure al feptimo. Simelmen⁄
te la oppofitione del tertio circulo : la qual e pofta contra el uigefimotertio giorno
di Nouembre : apertiene al uigefimoquinto de quello. perche quello tale figno
la defcende a la tertia linea. Simelmente la coiuction del primo circulo apparete
apreffo al tertio giorno di Decembre : apertiene al fecondo di quello. & quella chi
fe attribuiffe al fecondo : apertiene al primo. pche la fi conueneno quelli doi figni
come in Septembrio . Et coffi la uia de latte ne ha indutto a mettere certi numeri
ne le fedie aliene . Ma tutta quefta computatione de le hore con le minute fue uo⁄
gliamõ fia referita al meridiano de la cita di Nuremberga. pche quello loco ne ap⁄
parfo digno deffer per noi con quefto nouo modo di littere nobilitato. & anchora
p che i quella hauemo compofto la prefente operetta. Ma nõ pero p quefto haue⁄
mo priuato li altri lochi del ufo dil noftro kalendario : ma come fel foffe uno dono
cõmune lhauemo compartito ãfi a tutta la Europa : fubiungedo la tabula di paefi :

la qual infegna quãto chadauno altro loco debba agiũgere o uero cauar da li nume/
ri fcritti. Perche in effa doppoi lordine de le puincie & citade piu famofe : o luna o
laltra de quefte littere. m. & .a. fubitamente occorre a chi ua a la man finiftra : de le
qual. m. fignifica chel numero fequête fi debba minuire dal têpo pigliato di fopra
p lauteo numero. ma. a. dinota che fi die agiungere : uoglia che lhabia alcuna hora
con le minute : uoglia folamête le minute. Perche el primo ordine di la colonnella
fequente. m. & .a. contiene el titulo de le hore. ma el pofterior dimonftra le minu/
te. Fatta adunque la additione o uero diminutione fecondo che el figno occurrente
dechiara : fi hauera el têpo de la coniunctione o uero de la oppofitione uera al loco
ppofto : come fi la cõputatione foffe driçata al meridiano di quello medemo loco.
Onde pche infinita cofa era a fcriuer tutti li luochi al tempo noftro habitati : haue/
mo defcritto alcune de le piu famofe habitatione : con quefto che quelle che fono
ne la uicinitade di chadauna : fi debbano ridure a quelle che fono fcritte come a le
principale. perche chadauno picolo fpacio nõ importa alcuna differentia digna di
notatione. Ma p exponer infieme tutto el tenor de quefta tabula : lultimo ordine
fimplice dinota quãti gradi el polo da tramõtana fia alto fopra loriçonte di chada/
uno loco notato. Ma in qual modo tale numero uenga ĩ ufo : di fotto fi dichiarara.

DE LI ECLIPSI DI LVMINARI.

Eclipfis del Sole o uero de la Luna in tutti quelli anni die acader
el numero di quali cominciado dal primo ãno di Chrifto falua/
tor noftro appare nel capo de qualche colonna eclipfale. El têpo
del eclipfis fi troua p el numero fuccedente : el qual e compofto
di tre particule fcritte feparatamête : la prima de le qual dimon/
ftra el dì del menfe el qual fubitamente fi fottogiunge. la feconda le hore. la tertia
dimõftra le minute : le qual effendo computate dal meço di dì tal giorno : acade el
meço del eclipfis. Segue la duratione media : la qual molte fiate e cõpofta di dopio
numero : cioe di hora una & minute. ma alcuna fiata fi cõtenta de le fole minute.
Media duratiõe domandiamo quello têpo chi e dal principio del eclipfis p infin al
meço di quello : o uero da quello meço p infin a la fine. Per la qual cofa fi tale dimi
dia duratiõe fi cauaffe dal meço del eclipfis : reftara el pticipio del eclipfis. & quella
medema pofta al meço del eclipfis : dimõftrara la fine del eclipfis. Finalmente fel
fara alcuna eclipfis particulare : li pũcti di quella fi notano : cioe quãte duodecime
fi occultarano dal diametro del luminare deficiente. La qual cofa fi reprefenta con
una facile figura. Pero che quanta patte del circulo chi fignifica el luminare e tenta
di negro : tanta de la fupficie deffo luminare a noi uoltata intendiamo douer man/
chare : etiãdio el fito de la parte manchãte manifeftandolo. Perche la inferior parte
del luminare manchara : fi effa parte e fatta negra. Et coffi la fupior : fi la e negra

El circulo tutto negro fignifica leclipfis uniuerfale. Ma qua fi riduce etiandio la tabula di paefe: fi forfi habitaffe altroe cha ne la cita di Nuremberga. Perche quanto di fopra hai agiunto al tēpo di la cōiūctione o uero oppofitiōe uera : o ueramēte da quello hai cauato: tanto qua fi debbe agiūger al meço del eclipfis; o uero da quello minuire ; fecondo che quefto figno.a.uel.m.pofto ne la tabula di paefe infegna.

DEL LOCO VERO DEL SOLE.

L uero loco del Sole fi conoffe a quefto modo. Intra ne la tabula del Sole fottofcritta con el numero dil anno ppofto : & agiunge quello che li apparera appreffo:a quello numero el qual fe fcriue ne la colonnella del Sole al di ppofto : cioe el primo numero al primo.& el pofterior chi e di minuti al pofteriore. Ma fi la fūma di minuti paffara oltra. 60 .agiunge uno grado in loco de li. 60 .cauati.laffando el refto nel fuo loco. Ma nel āno cōmune doppoi el di de fancto Mathia apoftolo p infin al fine de lanno fi die cauar uno grado fatta tale additione. Perche quello che fi laffara : dimonftrara el uero loco del Sole ne li gradi & minuti al meço di del giorno ppofto . Ma quanto fi debba agiunger o uero minuire per la differentia de li meridiani : p effer picola & facile cofa : nō ne facemo qui altra mentione .

LA TABVLA DEL SOLE.

Anni	G.M		Anni	G.M		Anni	G.M		Anni	G.M
1475	0 16		1490	0 38		1505	1 0		1520	0 21
1476	0 2		1491	0 23		1506	0 45		1521	1 7
1477	0 48		1492	0 9		1507	0 30		1522	0 52
1478	0 33		1493	0 55		1508	0 16		1523	0 37
1479	0 18		1494	0 40		1509	1 2		1524	0 23
1480	0 3		1495	0 25		1510	0 47		1525	1 9
1481	0 49		1496	0 11		1511	0 32		1526	0 54
1482	0 34		1497	0 57		1512	0 18		1527	0 39
1483	0 19		1498	0 42		1513	1 4		1528	0 25
1484	0 5		1499	0 27		1514	0 49		1529	1 11
1485	0 51		1500	0 12		1515	0 34		1530	0 56
1486	0 36		1501	0 58		1516	0 20		1531	0 41
1487	0 21		1502	0 43		1517	1 6		1532	0 27
1488	0 7		1503	0 28		1518	0 51		1533	1 13
1489	0 53		1504	0 14		1519	0 36		1534	0 58

DEL LOCO·VERO DE LA LVNA.

L loco uero de la Luna facilmente fi troua : fi primamente le
patte del inftruméto de la Luna fe intendarano. E adunque in
quello inftruméto el çodiaco di dodece figni diftincti con le fue
figure. De li quali figni chadauno ha trenta gradi. ma qua per
languftia del loco chadauno picolo fpacio reprefenta doi gradi. Et dentro nel çodia
co e el equaliçadore di la Luna chi contiene li numeri di qua & di la da uno p infin
a fei. Oltra di quefto li fono doe rotule mobile : le qual refpondeno a li doi numeri lunati pofti nel kalendario : & etiandio a doi li quali fono fcripti ne la tabula de
le radice di la Luna apreffo a li numeri de li anni ; de li quali el primo reprefenta li
figni. laltro li gradi. Doppoi intefe quefte cofe le radice di la Luna fi debbeno or-
dinar : acio che una fiata trouate fiano in prompto per tutto chadauno anno. Intra
adunque ne la tabula de le radice di la Luna con el numero de lanno ppofto: & el
primo numero di la Luna : chi e compofto de figni & gradi ; computa nel çodiaco cominciando dal ariete : doue e la croce : in tal modo chi ariete habia. 1. tauto. 2
gemini. 3 . & coffi p ordine. Et doue quello numero finira mette li el filo del inftru
mento: & uolta la rotella magiore: per infin chel capo de quella cioe la croce giafa
fotto el filo. & coffi ftando la rotella : fermela con cera de dentro uia. pche el fito di
quella fara tale p tutto lanno. Simelmente hauendo computato el numero pofteriore fecondo li figni del çodiaco : & hauendo tradutto el filo al fine di tal numero :
uolta la rotella minor : p infin chel capo di quella fia occultato dal filo. & ferma in
quello fito la rotella : acio che per tutto lanno rimanga la. Adunque ogni fiata che
defideti di faper el loco di la Luna nel çodiaco: côputa el primo numero de la Luna : el quale e fcritto nel kalendario al giorno propofto : dal capo de la rotella ma-
gior : & a la fin di quella mette el filo del inftrumento. pche fotto effo filo fi hauerai nel çodiaco el meço loco di la Luna. Donde fubitaméte nafcera etiandio el loco
uero : fi tu computarai el numero pofterior pofto nel kalendario dal capo de la mi
nor rotella. Perche fotto el filo tradutto al fin di tale numero nel equaliçatore de la
Luna fi offerirano li gradi : chi fi debbeno agiunger al meço loco di la Luna di fopra trouato : fi nel inferior femicirculo del equator fi pigliano : o ueramente chi fi
debbeno minuire da effo fi nel fupiore fi pigliano. Semicirculi fi chiamano quelli
chi cominciano & finiffeno apreffo lariete & libra. Ma ne lanno del biffexto da la
fefta di fancto Mathia apoftolo p infin al exito del anno fara neceffario fopragiun-
ger. 13 . gradi a luno e laltro numero lunare.

LA TABVLA DE LE RADICE DE LA LVNA.

Anni	S.G.	S.G.	Anni	S.G.	S.G.	Anni	S.G.	S.G.	Anni	S.G.	S.G.
1475	6 23	2 1	1490	1 7	0 3	1505	7 20	10 6	15 20	1 20	7 26
1476	11 2	4 29	1491	5 16	3 2	1506	11 29	1 5	15 21	6 13	11 8
1477	3 25	8 11	1492	9 25	6 1	1507	4 9	4 4	15 22	10 22	2 7
1478	8 4	11 10	1493	2 18	9 13	1508	8 18	7 3	15 23	3 2	5 6
1479	0 14	2 9	1494	6 27	0 11	1509	1 11	10 14	15 24	7 11	8 4
1480	4 23	5 7	1495	11 7	3 10	15 10	5 20	1 13	15 25	0 4	11 16
1481	9 16	8 19	1496	3 16	6 9	15 11	10 0	4 12	15 26	4 13	2 15
1482	1 25	11 18	1497	8 9	9 21	15 12	2 9	7 11	15 27	8 22	5 14
1483	6 4	2 16	1498	0 18	0 19	15 13	7 1	10 22	15 28	1 2	8 12
1484	10 14	5 15	1499	4 27	3 18	15 14	11 11	1 21	15 29	5 24	11 24
1485	3 6	8 27	1500	9 7	6 17	15 15	3 20	4 20	15 30	10 4	2 23
1486	7 16	11 26	1501	1 29	9 29	15 16	8 0	7 18	15 31	2 13	5 22
1487	11 25	2 24	1502	6 9	0 27	15 17	0 22	11 0	15 32	6 22	8 20
1488	4 5	5 23	1503	10 18	3 26	15 18	5 2	1 29	15 33	11 15	0 2
1489	8 27	9 5	1504	2 27	6 25	15 19	9 11	4 28	15 34	3 24	3 1

T perche alcuni cerchano li tempi cōmodi al falaſſo : & la Luna eſſendo mo in uno ſegno mo ne laltro: in queſta coſa ha grande poteſtade : nō mi pare incōueniente a dimonſtrar qua certe geñeral proprieta di ſigni : & a qual parte del corpo humano chaʒdauno ſi ſoglia adaptar : acio che li ſigni cōmodi & incōmodi ſi conoſcano. benche con uno certo argumento breue & groſſo. Perche in altre opere trattaremo di queſto molto piu diffuſamente .

Lariete adunque: come diceno li auctori : e caldo & ſicco & igneo appropriandoſe tutto al capo de l homo : & e cōmodo al tagliar de la uena .

El Tauro frigido & ſicco & terreo aptiene al collo: & nō e apto al cauar dil ſangue.

Li Gemini e ſigno caldo & humido & aerio : & defende le ſpale li braci & le mane & e inutile al ſalaſſo .

El Cancro frigido humido aquatico ſi adapta al petto al ſtomaco & al pulmone: & e uario in cauar ſangue.

El Leone e ditto eſſer caldo & ſicco & igneo: reſguarda la ſchena & li lati : & e peʒricoloſo al ſalaſſo .

El ſigno de la Virgine frigido ſicco & terreo aptiene al uentre & a le inteſtine : & e indifferente a tagliar la uena.

La libra calda humida & aeria : aptiene al umbilico a li lumbi & a le parte inferior dil uentre : & e utile a diminuire el ſangue .

El Scorpione frigido humido & aquatico ſi riduce a le parte pudende : & e incetto al tagliar de le uene .

Al Sagittario calido ſicco & igneo ſi appropriano le coſſe : & e utile al ſalaſſo .

El Capricotno frigido ſicco & tetreo contiene li gienochi : & e inutile a minuir ſangue .

Lo Aquario calido humido & aerio ſi riduce a le gambe : & e indifferente a cauar ſangue .

Li Piſci : el qual ſigno ha li pedi in ſua tutela : ſono frigidi humidi & aquatici : & indifferēti al ſalaſſo .   Queſto anchora nō ſi die mandar in obliuionè : che auegna che la Luna ſia in qualche ſigno eletto a la diminution del ſangue : nientediman ʒcho non ſi die tochar la parte dil corpo aſſignata al ditto ſigno . Oltra di queſto la Luna creſcente ſi ſuole eleçer per la iuuentude. ma quando la cala : per li uechi .

Conoſcere in qualunque luoco la quantita dil giorno la tabula propria qua e poſta : ne la fronte di la qual certi numeri ſi ordenano : che ſignificano la eleuatione di la tramontana . Ma ne li lati ſono poſti li ſigni del çodiaco con li ſoi tre gradi . In quella adunque tabula a qualunque giorno piglia el ſigno & grado dil Sole.pche de direȼto a quello ſotto el numero di la eleuatione dil polo apparera la quantita dil tempo de meço giorno ne le ſue hore & minute : ſi el Sol ſara in qualchuno de li ſigni da tramontana.o uero apparera la quantita del tépo de la meça notte : ſi el Sol ſara i qualche ſigno di meço di . El qual tempo ſeminoȼturno cauato da le dodece hore laſſa la quantita del tempo ſemidiurno.Duplicata adunque quella quantita : tutto el tépo diurno ſi componera. Ma eſſendo cópoſto el di inſieme con la notte ſua de uintiquattro hore : ſi tu cauarai da uintiquatro hore la quantita del giorno : ſi laſſa la quantita di la notte. Ma ſi el grado dil Sole nõ appareſſe ne luno o ueto ne laltro de li ultimi ordini : douerai conſiderare li doi piu uicini a quello.Perche tu conoſcerai apreſſo al ſito di quello apreſſo a quelli proportionalmente la quantita del tempo ſemidiurno media per uno certo modo fra le quantita di giorni le qual reſpondeno a quelli doi gradi piu uicini.Oltra di queſto la quantita del tempo ſemidiurno dimonſtra : a qual hora el Sole uada giuſo : come etiandio el tempo ſeminoȼturno dechiara el naſcere dil Sole . Et acio che tu conoſca le figure de li ſigni : qua e poſta la tabuleta : che dinota etiandio quali ſigni ſi chiamano da tramontana & quali da meço di .

Da tramontana.	Da meço di
♈ Aries	♎ Libra
♉ Taurus	♏ Scorpio
♊ Gemini	♐ Sagittarius
♋ Cancer	♑ Capricorn⁹
♌ Leo	♒ Aquarius
♍ Virgo	♓ Piſces

G	36	37	38	39	40	41	42	43	44	45	G
	h.m.	h.m.	h.m.	h.m.	h.m.	h.m.	h.m.	h.m.	h.m.	h.m.	
♎♈	6 0	6 0	6 0	6 0	6 0	6 0	6 0	6 0	6 0	6 0	30
3	6 3	6 4	6 4	6 4	6 4	6 4	6 4	6 4	6 5	6 5	27
6	6 7	6 7	6 8	6 8	6 8	6 8	6 9	6 9	6 9	6 10	24
9	6 10	6 11	6 11	6 12	6 12	6 12	6 13	6 13	6 14	6 14	21
12	6 14	6 14	6 15	6 15	6 16	6 17	6 17	6 18	6 18	6 19	18
15	6 17	6 18	6 19	6 19	6 20	6 21	6 21	6 22	6 23	6 24	15
18	6 21	6 22	6 22	6 23	6 24	6 25	6 26	6 27	6 27	6 29	12
21	6 24	6 25	6 26	6 27	6 28	6 29	6 30	6 31	6 32	6 33	9
24	6 27	6 28	6 30	6 31	6 32	6 33	6 34	6 35	6 36	6 38	6
27	6 31	6 32	6 33	6 34	6 36	6 37	6 38	6 40	6 41	6 43	3
♏♉	6 34	6 35	6 37	6 38	6 39	6 41	6 42	6 44	6 45	6 47	♍♓
3	6 37	6 39	6 40	6 41	6 43	6 45	6 46	6 48	6 50	6 51	27
6	6 40	6 42	6 43	6 45	6 47	6 48	6 50	6 52	7 54	6 56	24
9	6 43	6 45	6 47	6 48	6 51	6 52	6 54	6 56	6 58	7 0	21
12	6 46	6 48	6 50	6 52	6 54	6 56	6 58	7 0	7 2	7 4	18
15	6 49	6 51	6 53	6 55	6 58	6 59	7 1	7 4	7 6	7 8	15
18	6 52	6 54	6 56	6 58	7 0	7 3	7 5	7 7	7 10	7 12	12
21	6 55	6 57	6 59	7 1	7 3	7 6	7 8	7 11	7 13	7 16	9
24	6 57	7 0	7 2	7 4	7 6	7 9	7 11	7 14	7 17	7 20	6
27	7 0	7 2	7 4	7 7	7 9	7 12	7 15	7 17	7 20	7 23	3
♎♊	7 2	7 4	7 7	7 9	7 12	7 15	7 17	7 20	7 23	7 26	♌♒
3	7 4	7 7	7 9	7 12	7 14	7 17	7 20	7 23	7 26	7 29	27
6	7 6	7 9	7 11	7 14	7 17	7 19	7 25	7 26	7 29	7 32	24
9	7 8	7 10	7 13	7 16	7 19	7 22	7 25	7 28	7 31	7 35	21
12	7 9	7 12	7 15	7 17	7 20	7 23	7 27	7 30	7 33	7 37	18
15	7 11	7 13	7 16	7 19	7 22	7 25	7 28	7 32	7 35	7 39	15
18	7 12	7 14	7 17	7 20	7 23	7 26	7 30	7 33	7 37	7 40	12
21	7 13	7 15	7 18	7 21	7 24	7 27	7 31	7 34	7 38	7 42	9
24	7 13	7 16	7 19	7 22	7 25	7 28	7 32	7 35	7 39	7 42	6
27	7 14	7 16	7 19	7 22	7 25	7 29	7 32	7 35	7 39	7 43	3
30	7 14	7 17	7 19	7 22	7 26	7 30	7 32	7 36	7 39	7 43	♋♑

G	46 h.m.	47 h.m.	48 h.m.	49 h.m.	50 h.m.	51 h.m.	52 h.m.	53 h.m.	54 h.m.	55 h.m.	G
♎♈	6 0	6 0	6 0	6 0	6 0	6 0	6 0	6 0	6 0	6 0	30
3	6 5	6 5	6 5	6 6	6 6	6 6	6 6	6 6	6 7	6 7	27
6	6 10	6 10	6 11	6 11	6 11	6 12	6 12	6 13	6 13	6 14	24
9	6 15	6 15	6 16	6 16	6 17	6 18	6 18	6 19	6 20	6 20	21
12	6 20	6 20	6 21	6 22	6 23	6 24	6 24	6 25	6 26	6 27	18
15	6 25	6 26	6 26	6 27	6 28	6 29	6 31	6 32	6 33	6 34	15
18	6 30	6 31	6 32	6 33	6 34	6 35	6 37	6 38	6 39	6 41	12
21	6 34	6 36	6 37	6 38	6 40	6 41	6 43	6 44	6 46	6 48	9
24	6 39	6 41	6 42	6 44	6 45	6 47	6 49	6 50	6 52	6 54	6
27	6 44	6 46	6 47	6 49	6 51	6 53	6 55	6 57	6 59	7 1	3
♏♉	6 49	6 50	6 52	6 54	6 56	6 58	7 0	7 3	7 5	7 8	♍♓
3	6 53	6 55	6 57	6 59	7 1	7 4	7 6	7 9	7 11	7 14	27
6	6 57	7 0	7 2	7 4	7 7	7 9	7 12	7 15	7 17	7 21	24
9	7 2	7 5	7 7	7 9	7 12	7 15	7 17	7 20	7 24	7 27	21
12	7 7	7 9	7 12	7 15	7 17	7 20	7 23	7 26	7 30	7 33	18
15	7 11	7 13	7 17	7 19	7 22	7 25	7 28	7 32	7 35	7 39	15
18	7 15	7 18	7 21	7 24	7 27	7 30	7 34	7 37	7 41	7 45	12
21	7 19	7 22	7 25	7 28	7 31	7 35	7 39	7 42	7 47	7 51	9
24	7 23	7 26	7 29	7 32	7 36	7 39	7 43	7 48	7 52	7 56	6
27	7 26	7 29	7 33	7 36	7 40	7 44	7 48	7 52	7 57	8 2	3
♐♊	7 30	7 33	7 36	7 40	7 44	7 48	7 52	7 57	8 2	8 7	♌♒
3	7 33	7 36	7 40	7 44	7 48	7 52	7 56	8 1	8 6	8 12	27
6	7 36	7 39	7 43	7 47	7 51	7 56	8 0	8 5	8 10	8 16	24
9	7 38	7 42	7 46	7 50	7 54	7 59	8 4	8 9	8 14	8 20	21
12	7 40	7 44	7 48	7 53	7 57	8 2	8 7	8 12	8 17	8 23	18
15	7 42	7 46	7 50	7 55	7 59	8 4	8 9	8 15	8 20	8 26	15
18	7 44	7 48	7 52	7 57	8 1	8 6	8 11	8 17	8 23	8 29	12
21	7 45	7 49	7 54	7 58	8 3	8 8	8 13	8 19	8 25	8 31	9
24	7 46	7 50	7 55	7 59	8 4	8 9	8 14	8 20	8 26	8 32	6
27	7 47	7 51	7 56	8 0	8 4	8 10	8 15	8 21	8 27	8 33	3
30	7 47	7 51	7 56	8 0	8 5	8 10	8 15	8 22	8 27	8 34	♋♑

O horologio oriçontale in qualunque habitatione fi fara a que/
fto modo. Defegna in certa planicie uno circulo con li pedi del
compaffo: difteli a fimilitudine del lato dil quadrante deffo ho/
rologio oriçontal : del qual circulo hauendo defignato el diametro: accõmoda uno
de li doi femicirculi a defignar li fpacij de le hore. Partiffe adunque p meço larcho
deffo femicirculo : & mena dal puncto de la media incifione al centro del circulo
una linea dretta : la qual fara de lhora duodecima . Ma el diametro del circulo per
auante lineato feruiffe a lhora fexta duplice : cioe antemeridiana : & poftmeridia/
na. La qual cofa acio che piu determinatamente fi poffa exponer : oppone larcho
del femicirculo al tuo petto : in tal modo che la linea de lhora duodecima fia fpotta
uerfo di te. Refoluto adũque el diametro del circulo i doi femidiametri : el dextro
femidiametro reprefentata lhora fexta antemeridiana . ma lo finiftro lhora fexta
pomeridiana. Ma le linee p el refto de le hore a quefto modo defignarai. Mette el
filo del quadrãte a la fcala de le latitudine : & moue lindice cioe el gropo accoftato
al filo : a la eleuation del polo fignata ne la fcala. Doppoi tranfpotta lindice a la li/
nea de la prima hora : & hauerai nel ultimo archo del quadrante fra el filo difteso
& el lato finiftro del quadrãte : la diftantia di una hora doppoi el meço di : la qual
diftantia pigliata con el compaffo traducela al femicirculo del horologio futuro fi/
chando uno de li doi pedi del cõpaffo nel ultimo pũcto de la linea de lhora duode/
cima . Et coffi nota nel archo del femicirculo di qua & di la el figno de laltro pede
menato i torno. & cõtinua li doi puncti coffi fatti con el centro del horologio p doe
linee drette : la dextra de le qual fignificata lhora undecima : & la finiftra dimon/
ftrata la prima doppoi el meço di . Oltra di quefto mette lindice a la linea de lhora
feconda : & hauerai la diftantia di doe hore doppoi el meço di : fra el filo difteso &
el lato del quadrãte. Quefta diftantia tranfferifela : come auanti : a la circũferentia
cioe al tondo del horologio : & fatti doi pũcti & cõgionti con el cẽtro del horologio
la dextra linea fara de lhora decima : & la finiftra de lhora feconda . Simelmente
fi fano laltre linee del horologio : mettendo lindice fopra laltre linee de lhore nel

quadrante . A quefto modo el femicirculo del horologio fi diftingue con fpacij de dodece hore. Ma eſſendo li giorni de la eſtade de piu cha de dodece hore : trouerai con queſta uia laltre diſtantie de lhore. Quanto ſpacio e fra la quinta & la ſexta hora ne la circũferẽtia del horologio : tanto agiunge con lofficio del compaſſo a luna e laltra hora ſexta . & fatti doi punti con el pede del compaſſo mobile : & quelli cõgiunti con el centro p linee drette : la dextra dinotara lhora qnta antemeridiana & la ſiniſtra reprefentara la ſeptima doppoi meço di. Et ſimelmẽte pigliato el ſpacio de le doe hore quarta & ſexta : & quello agiõto di qua & di la a lhora ſexta : ſi come auante tirarai doe linee drette : la dextra dimõſtrata la quarta antemeridiana. la ſiniſtra loctaua poſtmeridiana. Ma hauendo gia deſcritto le linee de lhore mette el filo del quadrante al numero de la eleuatione del polo ne lhabitation tua el qual ſi troua p la tabula de li paeſi. pche ſubito apparera uno certo angulo contento deſſo filo & lato del quadrante ridutto in gradi. al quale ſe die far uno equale de tauola de ligno : o uero de lama de ferro : & accoſta in tal modo quello angulo a la linea de lhora duodecima : che la ponta di quello ſi conuenga con el centro del horologio : & la ſupficie del angulo molto drettamente ſi apoſa ne la planicie del horologio : cioe che non penda ne di qua ne di la . Poterai etiandio ſi uorai menar fuora dal centro del horologio uno filo di ferro ſecondo la quantita del angulo ſopraditto : & ſera luſo di quello uno medemo con luſo dil angulo. perche lumbra di luno & di laltro dimõſtrara le hore .   De la fabrica del horologio per infin qua hauemo tractado . Al preſente ſi die trattar de la poſitione di quello : la qual non cõmodamẽte ſi fa ſença la linea meridiana : la inuention de la qual e molto uulgare a queſto modo. Deſegna nel plano poſto ad equal diſtantia del oriçonte uno circulo grande quanto ti piace : nel centro del qual ficha uno ſtilo tondo in tal modo che la ſũmitade di quello equalmente ſia diſtante da la circũfeѓẽtia del circulo. Ma el ſtilo ſia di tal longheça che lumbra di quello breuiſſima : la qual ſi fa nel meço di finiſca dentro dal circulo. Nota adunque le doe umbre equale del ſtilo : lantemeridiana & poſtmeridiana : de le qual luna e laltra finiſca a la circũfeѓẽtia del circulo . Et fatti doi punti a li termini de lumbre : larcho tolto di meço equalmente ſi diuida : & el puncto de la media inciſione ſi coniunga con el centro del circulo : la qual : fia diftefa quanto fe uoglia di qua & di la : fara la linea meridiana la qual tu cerchaui. A la qual fopramette la linea di lhora duodecima del horologio i tal modo chel femicirculo de le hore guarda uerfo la tramotana. Et coffi mandando fuora li ragij el Sol : lumbra del angulo fopraditto o uero del filo de ferro dimonftrara le hore. Et molto facilmente potrai cauar da una linea meridiana altre innumerabile. Perche in effo puncto de lhora duodecima in qualunque loco mandarai giufo da la man el perpendiculo : fi nel umbra del filo coniungerai p la dretta doi puncti doue tu uole pigliati : quella fara la noua linea meridiana . Ma el miniftro tuo ftando apreffo al horologio manifeftara a te etiadio abfente el puncto de lhora duodecima.

DE LA NOTICIA DE LE
HORE EQVINOCTIAL .

Er el quadrato de le hore inferto in quefta operetta facilmente difcernarai i qualunque habitatione le hore de li giorni :fe prima intendarai li officij de le parte del inftrumento. E adunque nel inftrumento la fcala de le latitudine coperta de linee tramecate : de le qual quelle che luna da laltra equalmente farano diftante: defignano le eleuation del polo effendo etiandio notati li numeri foi a la man dextra : & quelle che defcendeno a la ftretura come infieme currete : diftingueno li figni del codiaco & dece gradi de quelli : comodamete fottonotate le littere principal de li figni . Ma p caufa de diftinctione chadauna de quelle linee che equalmente fono diftante chiamafe codiaco de lhabitatione : pche chadauna de quelle e diuifa in figni & gradi p linee inclinate che ueneno i giufo. Sotto quefta fcala e el numero de le hore duplo.lantemeridiano e el fuperior.& el poftmeridiano e lo inferior: chadauno apreffo a la fua linea de lhore. Ma a lultima linea cioe de lhora duodecima e accoftata una fcala diftincta con certi picoli fpacij: de li quali chadauno reprefenta dece gradi de li figni : i quali fi dinotano con le fue prime littere . Non imeritamente certo tale comixtione de figni & gradi fi po chiamar el codiaco del meço di . Sopra le linee preditte pende uno certo braçoleto mobile : da la fin del qual : la qual fia chiamata mano : e mandato giufo el perpendiculo : al filo del qual e accoftato uno certo gropeto indice de lhore. Oltra de quefto ne lultima linea del inftrumento: o uero drettamete p meço quella a la finiftra fi die fichar qualche cofa: la qual oppofita al Sole gietta umbra : quale potra effer uno grano de cera.uno gropeto : o uero

qualche cofa tale. In qualunque habitatione adunque farai : confidera diligentemente el çodiaco tuo. perche in quello la man preditta fempre decorre di qua & di
la. Mette adunque quella man al grado del Sole nel çodiaco de la habitatione tua :
& aconciato el filo del perpendiculo liberamente mandato giufo al grado del Sole
nel çodiaco del meço di : tranfporta el gropeto accoftato : a quello medemo grado
del Sole. Le qual cofe coffi difpofte : mette contra al Sole radiante el finiftro lato
del inftrumēto : in tal modo che lumbra del grano de cera fi porgia al ultima linea
del inftrumēto. pche fubitamente el fito del gropeto fra le linee de le hore dimon-
ftrata lhora cerchata.

Er infin qua hauemo referito ogni cōputo de lhore al meridia‐
no : cioe hauemo fatto el pricipio de la cōputatione : o uero dal
meço di : o uero da la meça notte. Sel ti piace hormai de ridurle
al oriçonte: pche alguni hano i uso di cōputar le hore dal occaso
del Sole. alguni dal nascere del Sole: riduce a questo modo al occaso lhore incomin
ciate dal meço di. Subtragie el tempo di meço di dal numero de le hore che sinco‐
minciano da meço di sopragiongēdo uintiquatro hore : si altramente la subtracti‐
one nō si pora fare. Ma si da la meça notte saranno computate : caua el semidiurno
sopragiongendo dodece hore. Et cossi restara il numero de lhore : che si debbeno
cōputar dal principio de la notte. Ma ridurai al nascere del Sol le hore principiate
da la meça notte : si da quelle cauarai el tempo seminocturno con el supplemento
de le uintiquatro hore : si altramente non le potesse far la diminutione. Ma si tu
pigliasse pricipio dal meço di : caua uia el seminocturno sopragionte dodece hore.
Et certamente per infin qua ogni cosa si die intender de lhore equinoctial. le qual
si chiamano equal. Ma quelle facilmente uoltarai in hore tēporal: le qual i questo
tēpo si chiamano inequal : se tu impare luso del instrumēto exposto a questa cosa.
Mette adunque el filo del instrumēto sopra el numero del tempo semidiurno tro‐
uato ne la extremitade : & pmoue el gropeto al archo de lhora duodecima. Dop‐
poi transferisse el filo in quella medema extremitate a le hore equinoctial pposte:
ina computate dal meridiano per qua & p la cioe uerso oriente : o uero occidente :
secondo che la cosa ne admonisse. Perche subitamente fra li archi de lhore el gro‐
peto dimonstrara lhora temporal. Ma apparendo la una dupla ordinatione de nu‐
meri : la superior da. 1. per infin ad. 6. si couiene a le hore antemeridiane. linferior
da. 7. a. 12. serue a le hore pomeridiane. Et saranno le hore temporal antemeridia‐
ne: se le equinoctial sono antemeridiane. & se queste saranno pomeridiane: quelle
etiandio saranno pomeridiane. Non altramente ti expedirai de lhore nocturne : si
posto el filo al tēpo seminocturno menatai come p auante el gropeto al archo de

lhora duodecima : & ſi di qua & di la da la meça notte cōputarai lhore equinoctial
ppoſte. Queſte ſono lhore le qual uſauano li antiqui : li quali ordenauāno chadauno giorno & notte di dodece hore . Ma diſtribuiuano etiandio a la gubernation
de li luminari & planeti eſſe hore : cominciādo da la prima hora del di de Saturno
la qual hano dedicado ad eſſo Saťno : che tiene la ſuprema ſedia.la ſeconda a Ioue.
la tertia a Marte : & coſſi del reſto ſeruando lordine de le hore come de li planeti :
ſubiungendo etiandio le hore nocturne in tal modo : che hauendo percorſo uintiquatro hore : & hauendo replicato li planeti ogni fiata che e biſogno : la uigeſima
quinta hora cioe la prima del giorno ſequēte ſi aſſuma el quarto planeta i ordine.
Et coſſi la prima hora del di ſequēte: cioe de la dominica aptiene al Sole :& quelle
che p ordine ſuccedeno ; a li ſoi planeti ſiano accōmodate. Ma acio che nō pdiamo
tempo in queſta coſa clara : ſel ti piace de ſaper a qual planeta ſi debba referir chadauna hora propoſta ; ſapia prima di che planeta ſia el giorno preſente. Et li planeti hano tale ſucceſſione per giorni ſette. Saturno.Sole.Luna.Marte.Mercurio .
Ioue. Venus.aſſumendoſe Saturno el di de ſabbato : et riducendo li altri giorni p
ordine a li altri planeti.Doppoi la qual coſa inteſa : mette la prima hora del di nel
ſigno interior del primo articulo del indice.la ſeconda nel ſigno del ſecondo arti-
culo.la tertia nel ſigno del tertio.la quarta ne la ſumita del indice. la quinta nel ſigno exterior del tertio articulo.la ſexta nel ſecondo.la ſeptima nel primo articulo
di fuora uia.Simelmente le altre hore: ſel ghe ne qualchuna : ſi dieno adaptar a li
articuli de li didi ſequenti . Et cōſidera el dido che piglia lhora propoſta.Perche ſi
nel primo articulo di tal dido metterai di dentro uia el planeta del giorno : & aſſi-
gnarai li ſequēti planeti a li articuli ſequenti p infin che uenirai a la ſedia de lhora
propoſta : la trouerai el planeta miſſer de lhora . Non ſera alieno de hauer notato
queſte coſe: ſiano di quāto momēto ſi uoglia. pche ſiamo adducti quaſi p el trattar
de le hore a queſto ſcriuer. Benche el ſintenda etiandio queſto. pche non ſi ſerua
lordine di planeti tale quale e in cielo : pigliando ſette giorni el nome dal numero
ſeptēnario di planeti : ma p cauſa di exempio.da Saturno al Sole.dal Sole a la Luna :& coſſi per ordine ſempre faciandoſe ſalto per binaria interpoſitione . Perche
queſto richiedano uintiquatro hore: de le qual ogni di & notte ſono cōpoſti:fa-
ciendo per quelle la diſtributione di planeti. Pero che p queſto ſucceſſo ſi aſſigna
a la uigeſimaquinta hora : cioe al principio del ſequente giorno el quarto planeta
doppoi el primo.gia li doi eſſendo paſſati.Et coſſi in queſto ſi cōtiene breuemente
la utilita & ualor di queſto kalendario da me ſecondo la picoleça del ingenio mio
diligentemente compoſto & ordinato .

LO INSTRVMENTO DE LE HORE INAEQVALE.

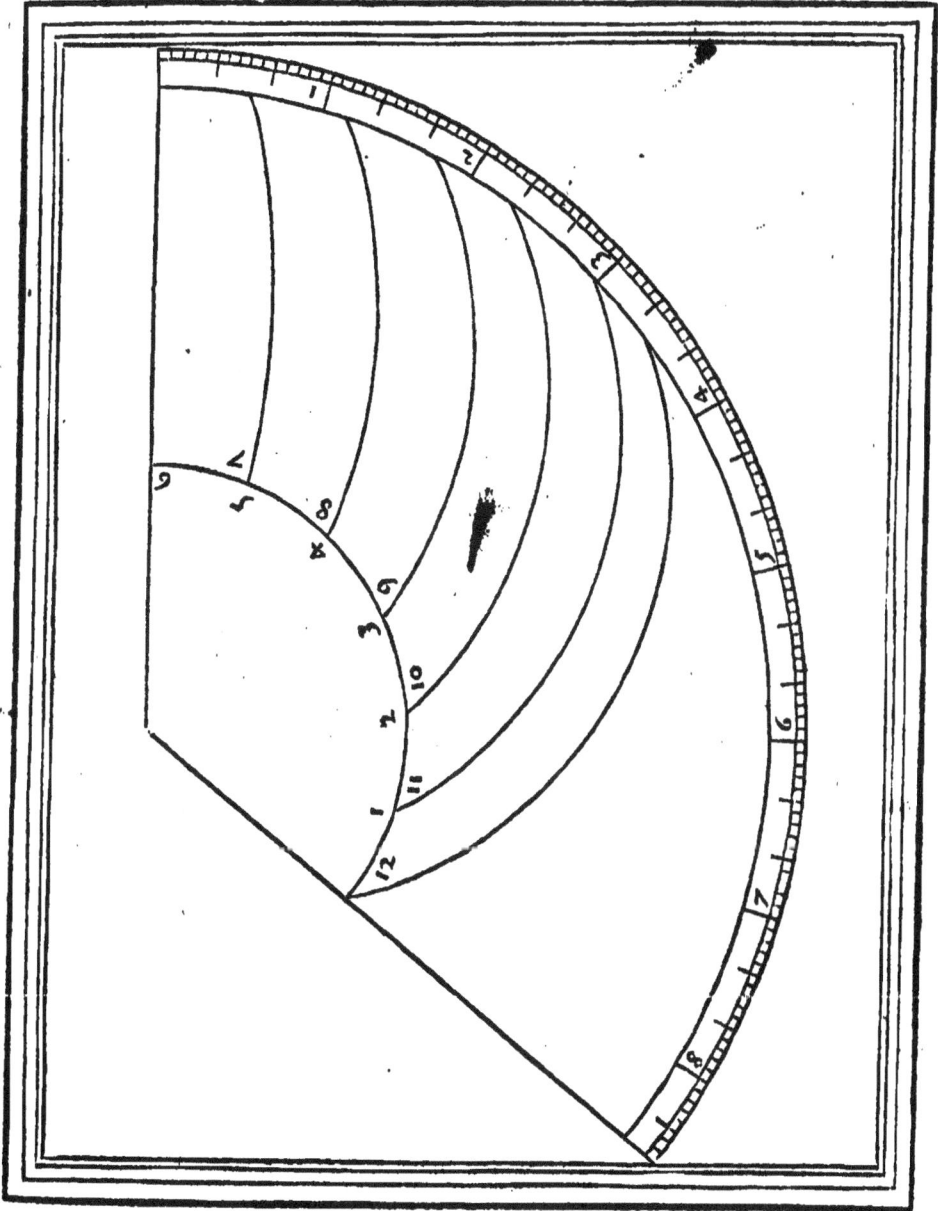

MINVE.

ADDE.

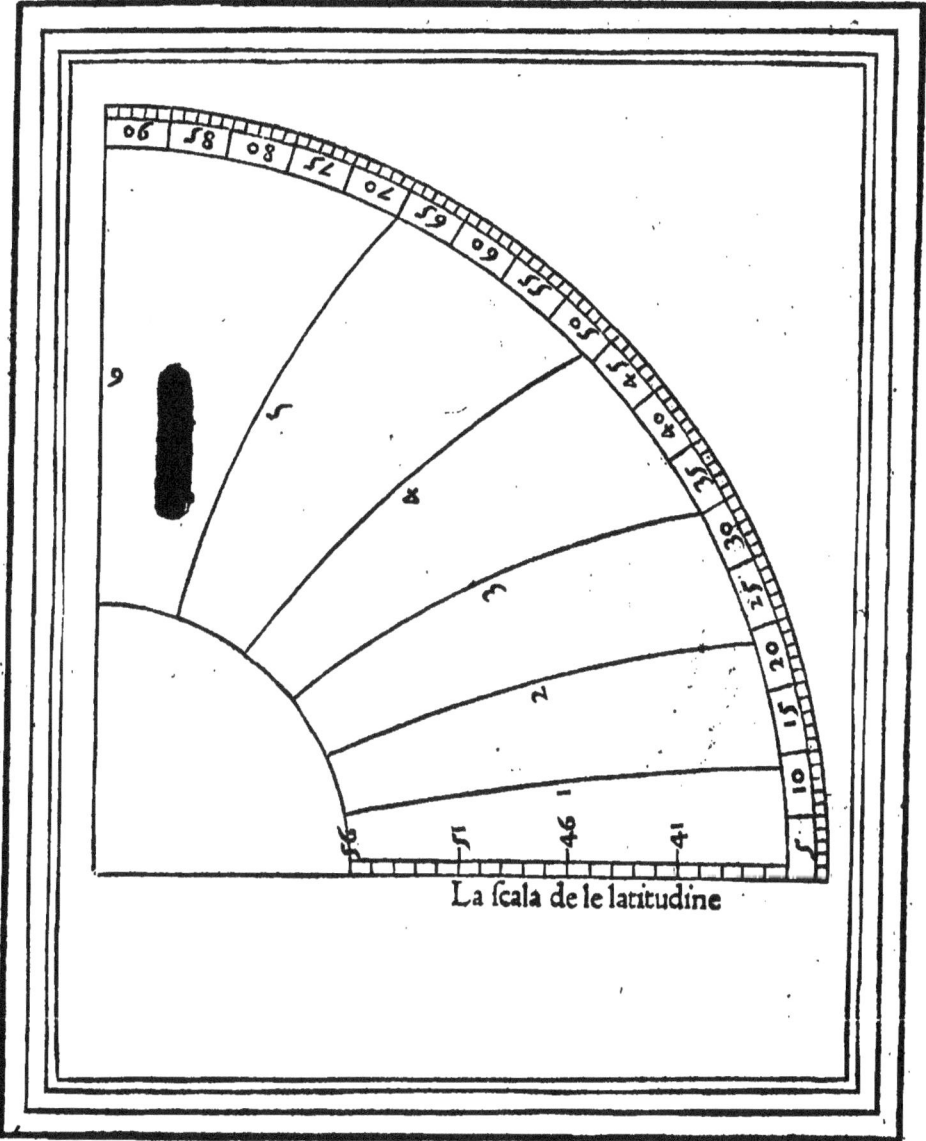

La ſcala de le latitudine

LA SCALA DE LE LATITVDINE

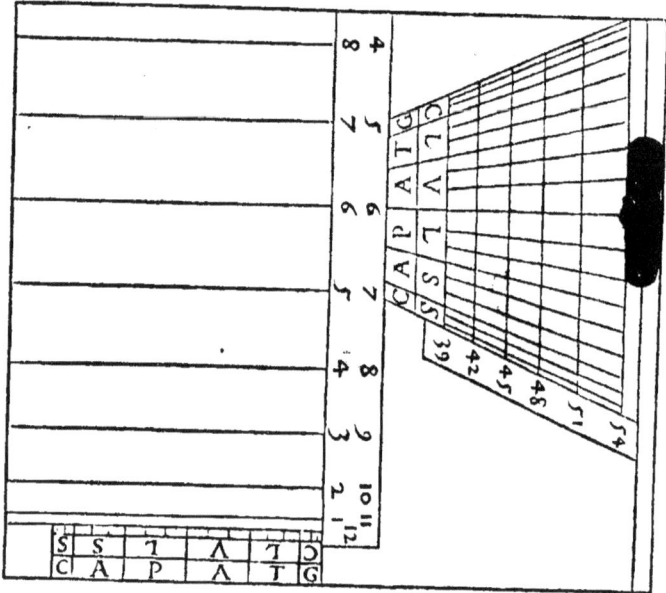

4		
8		
5	A	T
7		G
		L
	C	
6	A	L
6	P	
5		L
7		S
4	S	
8		
3		
9		
2		
10 11		
12		

39 42 45 48 51 54

| S | S | T | | A | T | G |
| C | A | P | | A | T | G |

Li figni del meço di.

www.ingramcontent.com/pod-product-compliance
Lightning Source LLC
Chambersburg PA
CBHW050535210326
41520CB00012B/2582